景观植物
设计与应用

Landscape Plants
Design and Application

李琴 编著

U0276151

中国电力出版社
CHINA ELECTRIC POWER PRESS

内容提要

　　植物设计是一门科学与艺术结合的学科，也是园林设计中重要的内容之一。本书系统地对室内外空间中的植物设计进行了讲解与分析，共分为七章，包括概述、景观植物的基本视觉特征、景观植物设计的生物学特性、景观植物的景境设计、纯植物的景观空间设计、景观植物的色彩设计、景观植物在环境中的应用。本书讲解详尽，同时选用了众多于国内外城市考察时拍摄的、反映经典植物配置的、首次公开发表的图片，以帮助读者扩展知识系统，提高学习者对室内外空间中植物设计的能力。本书适合作为高等院校园林景观设计、环境艺术设计、建筑设计等相关专业教材，也适合园林景观从业者参考与阅读。

图书在版编目（CIP）数据

景观植物设计与应用 / 李琴编著. — 北京: 中国电力
出版社，2015.3（2019.7 重印）
ISBN 978-7-5123-6655-8

Ⅰ. ①景… Ⅱ. ①李… Ⅲ. ①园林植物－景观设计
Ⅳ. ①TU986.2

中国版本图书馆CIP数据核字(2014)第238762号

中国电力出版社出版发行
北京市东城区北京站西街19号　　　100005　　http://www.cepp.sgcc.com.cn
责任编辑：王　倩（010-63412607）
责任校对：常燕昆　　责任印制：蔺义舟
北京盛通印刷股份有限公司印刷·各地新华书店经售
2015年3月第1版·2019年7月第2次印刷
889毫米×1194毫米·1/16·8.75印张·294千字
定价：48.00元

版 权 专 有　　侵 权 必 究

本书如有印装质量问题，我社营销中心负责退换

前言

科技的日新月异给人类带来了前所未有的辉煌与灿烂。然而，人类在利用和改造自然的同时，也在破坏着赖以生存的自然环境。随着"引入自然""回归自然""保护自然"等观念的深入，人们越来越追寻自然，崇尚自然已成为现代园林发展的趋势。漫步在现代城市的街头，公园和街边多姿多彩的植物景观随处可见。这些随处可见的植物景观，使城市不再是一个超大的、冰冷的钢筋混凝土的"森林"，而是具有生机和宜人尺度的亲切空间。

植物设计不但是对环境可持续发展的关注，更是利用植物塑造空间，这一直以来是园林设计中最重要的内容。好的植物设计不仅仅是好看的问题，很多情况下，好的设计是与对应环境的吻合。我们设计的环境是变化的，没有任何两块场地是完全一样的，任何现成的设计经验和范例都不能简单地照搬，这就需要设计师有扎实的空间分析和植物学的基础知识，并且有相应的艺术修养。因此，可以说，植物设计是一门科学与艺术完美结合的学科。在植物设计的王国里，设计师要具备建筑师的空间素养、工程师的工程技术基础，还必须具有植物的相关知识，从而才能在设计中敏锐、熟练地利用植物材料，处理好植物的生长环境和生态需求，并使其发挥美学特性。

植物与我们的生活息息相关，我们日益繁荣的都市文明离不开植物的陪伴。它们是景观中的"灵魂"，有了植物，景观才灵动起来，缺少它就缺少了生气。景观设计中，涉及植物设计的面很多，从私家花园设计到大型公建的室外空间设计，再到城市公共空间设计，包含公园、广场、休闲空间、绿化道路、居住区景观设计、风景区规划在内的各种复杂的绿色空间体系等。

本书的主要内容包括四个部分：1. 第一章主要讲述植物设计的概念及设计潮流；2. 第二章和第三章主要介绍植物的物理和生物特征及其相关设计；3. 第四章、第五章、第六章主要是关于植物的景境设计、空间设计、色彩设计这三类在植物设计中最基本的设计问题；4. 第七章是关于植物设计的应用。本书可以提高我们在室外空间中植物设计的能力，并让我们逐渐认识到，只有在建筑设计、城市设计乃至城市规划的过程中，统筹结合考虑植物设计与规划，才能将建筑设计以及城市规划设计的想法提升成为一个统一的、完整的理念。

书中附有270余幅精美的图片，大部分为作者和朋友近年在美国、英国、法国、日本等各大城市中考察时所摄，且均为第一次公开发表，反映了经典的植物搭配，可以帮助读者扩充设计知识。

感谢王倩编辑对本书从选题到编排出版做了大量的工作；感谢我的同学孙少婧、黄亮、许健宇、韦静、王芳、俞庆生、张宇的大力支持，他们为本书的编写提供了大量的一手图片，同时也感谢华东师范大学2012级景观专业学生的支持。还感谢我的家人，没有他们的鼎力相助，这本书的出版是不可能的。

由于作者水平有限，书中难免有错误或疏漏之处，恳切希望专家及读者不吝赐教。

目 录

第一节　景观植物设计的概念及意义

一、景观植物设计的概念

景观植物设计，顾名思义，就是根据场地的自身条件特征及场地的功能要求，应用乔木、灌木、藤本及草本植物等植物题材，通过艺术的设计手法，充分发挥植物本身的形体、线条、色彩等自然美，并且创造出与周围环境相适宜、相谐调，能够表达一定意境或具有一定功能的艺术空间，供人们观赏（图1-1）。

由此可以看出，景观植物设计是一门科学与艺术相结合的学科，它涉及生态学、建筑学、城市规划学以及视觉艺术。

首先，景观植物设计是一门关于植物生态的学科。植物是景观设计中唯一有生命力的景观要素，它是不断生长变化的活的生物体，是景观植物设计中的重要组成部分。在景观植物设计中，要求了解每一种景观植物的生物学特性和生态习性，充分利用地形、地貌、土壤和水体等自然要素，保证植物的存活和正常的成长，这是景观植物设计的首要条件。

图1-1 由地被、灌木、乔木等元素塑造的自然、惬意的空间，摄影：黄亮

图1-1

其次，景观植物设计是一门关于空间建构的学科。植物是一种可以用来塑造室外空间的有生命的天然建筑材料，它能使空间体现生命的活力，富于四时变化，还可以软化建筑空间，达到其他建筑材料无法达到的效果（图1-2）。

最后，景观植物设计是一门视觉艺术。在景观植物设计中，植物作为造景的基本材料和基础单元，正如同颜料之于画布，如何配置才能达到和谐、平衡、令人愉悦的视觉效果，给人以美的享受。

纵观历史，世界园林与景观设计的发展无不伴随着景观植物设计的发展。景观设计与景观植物设计是相互依存，相互促进的。然而，在我们的实际生活中，人们通常把景观植物设计错误地理解为栽花种草，或把景观植物作为景观小品的陪衬，对景观植物的设计没有充分重视，用极度贫乏的植物材料，组成了单调乏味的植物景观。造成这种误解的由来已久，因为早期景观设计师的设计主流是偏向运用植物材料为设计元素的庭院设计。而现代景观设计师所处理的是不拘大小尺度的各种土地资源，从为私家住宅做设计到为大型建筑物设计庄重的场地环境，再到为一个城市去设计包含公共空间、步行空间、公园、通向城市的道路绿化、休闲娱乐区、墓地以及其他的复杂的绿色空间体系等。植物不再只是装饰性的元素，而是与其他元素具有相同或更为重要的机能。

因此，作为一名优秀的景观设计师，不仅要具有规划师的宏观视野、建筑师的空间素养、工程师的工程技术，他还必须具有植物的相关知识，在设计中能敏锐、熟练地利用植物材料，处理好植物的生长环境和生态需求，并使其发挥美学特性。

图1-2 用植物围合的空间边界赋予空间生命的活力，软化建筑的硬质空间，摄影：黄亮

图1-2

二、景观植物的作用

1. 生态方面的作用

植物是城市生态环境的主体，能够为人提供清新的空气，能够遮挡风沙，防止水土流失，降低噪声，改善局部气候环境。比如，密实的灌木绿篱可以起到降低噪声、风速和减少扬尘的作用。而那些生长在坡地或是堤岸地表的植物可以防止水土流失的发生。植物也是维持良好生态循环的基础。植物开花招引昆虫，植物的果实为鸟类提供食物，植物环境也可为各类动物提供庇护的空间。

2. 精神方面的作用

植物景观设计可以营造出某种特殊的效果，从而使人产生某种特别的感受。这种感受可以是亲切的、安静的、放松的或安全的。当人们置身于这种植物景观之中，会顿时有"返璞归真"的感觉，获得身心的放松和愉悦，得到与自然最诚挚的交流，从而获得幸福感。植物还可以舒缓压力，有研究表明，当人置身于植物景观之中，五分钟内就能极大地减缓压力，血压降低，肌肉的紧张程度也可以得到有效地减轻（图1-3和图1-4）。

图1-3 植物形成公园的主体，人们可以在这里享受阳光、空气，放松心情，摄影：黄亮

图1-3

图1-4

图1-4 静谧的植物景观给人安详、宁静的感受，摄影：黄亮

3. 艺术方面的作用

植物是迷人的。植物有优美的形态、动人的线条、绚丽的色彩、怡人的芳香、诗画般的风韵，在视觉、触觉、嗅觉方面均给人们提供了美的享受。除此之外，植物还能在光、风、雨、雪、霜等不同的自然环境下产生不同的景观效果，如婆娑斑驳之影、柳丝拂面、雨打芭蕉等，植物把这一切都付诸感官，使人明显地感受到季节和季相的变化，丰富和发展了植物的美（图1-5）。

图1-5

图1-5 植物优美的形态、动人的线条形成空间的主角，摄影：黄亮

4.经济效益方面的作用

随着植物在现代社会中扮演的角色越来越重要，人们开始意识到植物的重要性。植物的经济效益体现在直接经济效益和间接经济效益上。城市绿化作为一个全新的产业体系，已经从传统的主要依靠第三产业的收入转向了依靠挖掘植物资源的综合价值方面转变。比如，良好的植物景观在为地方政府吸引投资，为旅游区吸引游客，增加游客的逗留时间，为商业地产招引顾客等方面都有着重要的作用。同时，良好的植物景观还能增加房地产的有效附加值。

当然，植物还具备很多实用的功能。例如，乔木浓荫，在炎炎夏日给人们提供荫凉；用植物来划分停车场内的停车位。当用植物来划分停车空间时，它们既起到了限定空间的作用又起到防护作用。所以，综上所述，植物具有巨大的生态效益、社会效益和经济效益，在现代社会中所起到的贡献是不可估量的（图1-6）。

图1-6 植物来划分停车空间时，它们既起到了限定空间的作用又起到防护作用，摄影：韦静

图1-6

第二节　当代景观植物设计潮流

　　植物景观设计不是简单地种植花草，也不是一味地强调植物的图案和整形。植物不仅仅是为了"打扮"建筑或小品雕塑，它和其他景观要素同等甚至有更大价值的功能作用。在景观设计中，景观植物的主导地位逐渐凸显，多样、生态、科学的植物景观特点正在逐渐形成。

一、植物种类的多样化

　　要创造出丰富多彩的植物景观，首先要有丰富的植物材料，植物种类的多样性是园林景观多样性的基础。一些经济发达的西方国家，在本国植物种类的基础上，大量引进和应用国外的植物资源，为本国的植物造景服务。以英国为例，原产英国的植物种类仅为1700余种，但是从16世纪起，英国陆续从东欧、加拿大、南美、澳大利亚、日本、中国等地引种了大量的植物，经过几百年的引种，至今在英国皇家植物园丘园中已有50000多种来自世界各地的活植物。这些引入植物为英国植物景观的创造提供了雄厚的物质基础（图1-7~图1-10）。

图1-7~图1-10 丰富的植物材料是英国丘园景观形成的主要元素之一，摄影：孙少婧

图1-7

图1-8

图1-9

图1-10

如果仅依靠自然的植物种类来创造现代植物景观显然是不够的。现代景观设计追求景观的多样性和功能的多样性，对植物种类的多样性提出了更高的要求。为此，园艺科学迅速发展起来，尤其在选种、育种和创造新的栽培变种上取得了丰硕的成果。一些植物更具有抗虫性，花期更长，色彩更加艳丽，甚至叶子的颜色也更加丰富，出现了花叶植物，这些都为植物景观的多样性提供了可能。一些木本植物，比如裸子植物被培养成匍匐状品种，为创造高山植物景观，模拟高山植物匍伏、低矮、叶小等特色提供了可能。许多落叶和常绿的乔木被培育出各种树形，如垂枝形、球形、柱形等，为设计师的植物景观设计提供了丰富的植物素材。

二、崇尚景观生态化

现代景观设计不再像古典园林那样对植物材料的选者多以植物外形与涵义为准则，多追求视觉效果，而忽视生态效应。现代景观设计注重营造适宜人类生存活动，与自然、社会有密切联系的场所，其景观植物的设计坚持可持续发展的理念，认为自然是永恒的主题，强调顺应自然发展的规律进行适度的调整，减少人为对自然的干扰，重视植物所产生的生态效应（图1-11和图1-12）。

工业革命之后，世界人口密度加大，人类的生存环境日益恶化，工业所产生的废气、废水、废渣到处污染环境，各界人士都呼吁人类欣赏自然、回归自然，重视植物自然环境。为此，现今对于"景观"一词的概念已不再仅仅是局限在一个公园或者一个景点上，有些国家从国土规划的层面上就开始重视景观植物规划了。他们首先考虑保护自然植被，并有意识地规划和种植大片绿带。例如在新城建立之前，先在四周营造大片森林，创造良好的居住环境。英国在规划高速公路时，首先由景观设计师进行介入，他们根据现状地形、景观等因素选择适合的线路进行布置，并结

图1-11，图1-12 符合植物生态习性的种植方式，形成稳定而丰富的植物景观

图1-11

图1-12

合自然资源，在高速公路两旁植有20余米的林带，使野生小动物及植物有生存的空间。

正如一位美国设计大师所说的："景观设计归根到底是植物材料的设计，其目的是改善人类的生活环境，其他的内容只有在一个有植物的环境下才能发挥出来。"植物是景观要素中唯一具有生命力的物质，它与人的生活息息相关。前些年曾流行一时的"草坪热"、"彩色地被"终因其过于形式化、生态效益低、维护费用高等缺陷而限制在局部区域使用。

三、强调设计的人性化

景观设计的主体是人，任何景观都是为人而设计的，植物景观设计也不例外。植物景观设计的人性化体现在生理和心理两个层面。在生理上，植物景观设计最大限度地符合人的行为方式，符合人的尺度要求，以人的尺度为设计的依据。在心理上，现代植物景观设计更贴近人的情感，设计时充分考虑了不同文化层次和不同年龄人群的活动特点，形成多样的、不同品质的空间组合，以满足不同人群的需求。在塑造空间多样性方面，植物的外观在其中扮演着重要的作用。自然生长的植物会让整个环境显得自然轻松，修剪整齐的植物则会给人庄重的感受。植物的姿态、颜色、质地也可以营造出丰富的空间形象和氛围。

参与性也是现代景观环境设计人性化的另一方面体现。当前的景观设计是在创造一种空间氛围感受而非静态的视觉画面。"体验"这一词语或许能够描述当代景观中人认识景观的过程和方式。它包含如下含义：人是环境构成的一个部分，环境和人密切相关并为人服务。现代的植物景观设计逐渐出现了体验式的植物景观，游人喜欢自己动手操作，而不只是满足于听与看，通过亲自实践深入领会并获得愉快感。例如人能够自主参与植物的生产、采摘、养护等一系列活动，不再满足于单纯的作为看客，期望能调动身心参与到景观对象之中。植物景观设计从单纯的追求视觉画面走向追求体验，是设计观念的一次巨大转变，它将使植物景观设计更加人性化，更加真实。

四、主题花园的产生

20世纪中叶，欧美许多中产阶级由于经济的改善，逐步购置了带有小型花园的私人住宅。在这些私人花园里，主人可以根据自己的喜好来布置。由此而产生了许多风格迥异的私人花园，如微型岩石园、微型水景园、微型盆景园、小型温室等，并相应培育出适应这些微型花园的低矮植物。以岩石园为例，岩石园是以岩石及岩生植物为主，间杂岩石与植物的景观形式，展现自然高山、峰峦溪流等自然景观特色，富有野趣。岩石园在植物园中常以专类园的形式出现，因其体量小且富有特色，常在私家花园中被应用，通常采用花色绚丽、小型体量的高山草本植物，灌木方面以常绿植物为主，配以粗犷的岩石以衬托植物的纤细柔美（图1-13～图1-16）。

在建造私家花园的同时，大批的景观设计师也参与植物园中专类园的建设，他们将人工与自然、植物与建筑紧密结合，创造了许多以植物为主题的花园，他们从文学、历史、哲学、自然科学等方面吸取营养，探索使

图1-13~图1-16 多年生花卉和观赏性禾本科植物的应用开创了新的花园设计风格，摄影：孙少婧

图1-13

图1-14

图1-15

图1-16

用新的植物，达到令人耳目一新的效果。

　　进入21世纪，随着城市化进程的深入，自然式景观又重获现代人的重视。特别是在现代居住小区景观中，以植物景观为主的花园越来越受到人们的喜爱，植物与基地环境、居住建筑的关系融洽而不乏新意，这使得人们的居住环境更加富有生机和情趣，这也是现代植物景观设计的又一趋势。

第二章
景观植物的基本视觉特征

植物是景观设计的重要素材之一。植物种类繁多，姿态各异，每一种植物都有着自己独特的视觉特性，合理的植物配置能增加景观的吸引力。植物的基本视觉特性可以归纳为大小、外形、颜色和质感四种基本特性。

图2-1

第一节　景观植物的大小

景观植物的大小是最重要的视觉特性之一，是植物视觉要素特征中最直接、最基本的空间特征，它影响整个景观的空间范围、空间尺度以及整体的构架，因此在植物景观设计中，必须在选择植物时就知道植物的大小。景观植物材料的大小可以分为以下几种。

一、地被植物

1. 定义

地被植物是指低矮的、用以覆盖地面的植物，包括草本植物和木本植物，一般不耐践踏。狭义的地被植物指株高不超过15～30厘米，植株的匍匐干茎接触地面后，可以生根并继续生长、覆盖地面的植物。广义的地被植物指植株低矮、枝叶茂盛，能够有效地覆盖地面，可保持水土，防止扬尘，并具有一定观赏价值的植物。常用的地被植物有麦冬、剑兰、沿街草、葱兰、玉簪、常春藤、太阳花、矮牵牛、孔雀草、鸢尾等。

2. 地被植物在景观中的作用

地被植物植株低矮，接近地面，可很好地起到稳定地表土壤的作用。低矮的地被植物对视线完全没有阻隔作用，在景观设计中，常被视为户外空间的地毯或地板，用于划分不同形态的地表面，起到暗示空间边界的作用（图2-1～图2-3）。如园路的植被镶边，可以强调园路的界限，同时也是铺装空

图2-1 低矮的草花不仅有效地分割流动空间和停留空间，而且使空间显得非常通透、明亮，摄影：张佳康

图2-2，图2-3 低矮地被植物有效地起到空间的分界和界定空间功能的作用

图2-2

图2-3

间与植物空间的过渡，其边缘构成也在视觉上起到引导视线、暗示限定空间范围的作用。大面积种植地被植物，可形成较空旷、纯净的空间，从而形成统一的视觉整体。其可作为整体空间的基质，将空间中分散的、孤立的元素联系成视觉上的整体，形成有机的整体。同时可利用自然单纯的地被植物衬托主景或者焦点物，以突出主景或者焦点物的形态和色彩（图2-4）。

二、灌木

1. 定义

灌木是指那些没有明显的主干，多呈丛生状态的木本植物。以体型大小可分为大灌木（一般体高在2米以上）、中灌木（1～2米）和小灌木（1米以下）。灌木作为乔木和地被之间的过渡，能够屏蔽不良的景观，并对控制风速、噪声、眩光等有很大的作用。灌木和其他植物材料一样，在户外空间中还有着多重功能。

2. 灌木在景观中的作用

（1）大灌木可以装饰空间的垂直面，使空间具有装饰性。使用大灌木来界定空间，可使空间产生围合感，塑造私密空间，如珊瑚树的体量

图2-4 简洁的草坪衬托作为焦点的雕塑，起到统一空间的效果，摄影：黄亮

图2-4

较大，枝叶密集，常用于屏蔽景观中的厕所、配电房、垃圾房等不良视线及分割景观空间；大灌木还可以作为空间的背景，具有一定的整体性（图2-5和图2-6）。

（2）中灌木可以作为小灌木与大灌木、乔木之间的衔接与过渡。

（3）小灌木可以用于界定或隔离空间，而不造成空间内视线的阻隔，它所产生的空间界定是心理上的空间而非实质的封闭空间。该类植物在景观中被广泛应用，如人行道边或分隔带里种植的小灌木，既不影响人的视线，又能限制行人的路线。在水平关系上，小灌木连接不同的造景要素，可以使不同的造景要素在空间上产生视觉联系。同时，在设计中使用小灌木，与高大的景观元素形成对比，使整体的设计格局显得更加小巧精致。值得注意的是，小灌木体量较小，一般充当附属材料，应避免零碎，要有整体感和连续性（图2-7和图2-8）。

三、乔木

1. 定义

乔木是指体形高大、主干明显、分枝点高、寿命长的树木。依据体形

图2-5，图2-6 大灌木作为空间的背景，产生了围合的空间，摄影：许健宇

图2-7，图2-8 小灌木不仅起到空间分隔的作用，还是空间的基调，起到统一空间的作用

图2-5

图2-6

图2-7

图2-8

高矮可分为大乔木（树高20米以上）、中乔木（树高8～20米）和小乔木（树高8米以下）。从一年四季叶片脱落的状况又可分为常绿乔木和落叶乔木：叶形宽大的称为常绿阔叶乔木或落叶阔叶乔木；叶片纤细如针或呈鳞片状的则称为常绿针叶乔木或落叶针叶乔木。乔木是景观设计中的骨干植物，常起到主导作用，如遮阴、调节气候、空间界定等。

2. 乔木在景观中的作用

（1）乔木可以在垂直面与头顶面界定空间，其树干是空间垂直面的边缘，头顶上的树冠形成空间的天花板（图2-9和图2-10）。

（2）观赏乔木可以作为空间端点、道路交叉点的视觉焦点。很多观赏树木由于生长习性四季均有不同的风貌，无论春花夏荫，秋叶冬枝皆能引人入胜（2-11）。

（3）乔木冠大荫浓，可以提供荫凉。夏天，树荫下的温度要比直接日晒的区域低3～5℃，因此户外空间中的树荫是很有必要的。

（4）景观设计中，乔木可以作为景观的前景，具有框景和加强空间进深感的作用。就像一栋楼房的钢木框架，将空间围合起来，构成室外环境的基本结构和骨架，从而使空间具有立体的轮廓（图2-12）。

图2-9，图2-10 乔木形成林荫空间，摄影：邹静、张宇

图2-11 乔木形成道路空间的视觉焦点，摄影：李兴伟

图2-12 乔木形成空间外围的轮廓，摄影：黄亮

图2-9

图2-10

图2-11

图2-12

第二节　景观植物的外形

一、植物的外形

植物的外形是植物的第二视觉特征。所谓植物的外形是指植株外围的整体轮廓，是植物个体形态的剪影。植物的外形是组成整体景观的一项重要因素，它会影响景观的统一性和变化性，它可以作为景观设计的重点，也可以作为其他设计元素的背景，作为其陪衬。植物的外形基本可分为纺锤形、圆柱形、圆形、尖塔形、垂枝形、平展形、特殊形（图2-13）。每种形式各有其特点，其在景观设计上的运用如下。

1. 纺锤形

纺锤形植物外形狭长耸直，逐渐向上细尖，例如白杨、木麻黄、侧柏。

图2-13 参考《图解园林植物造景》（一）

树木的外形

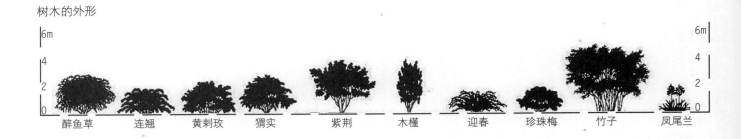

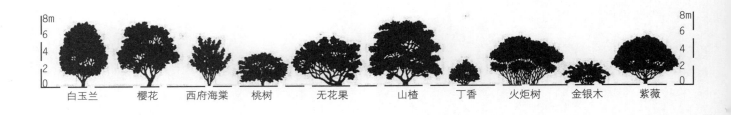

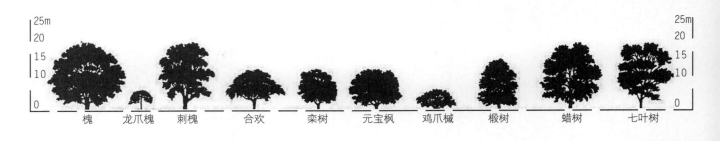

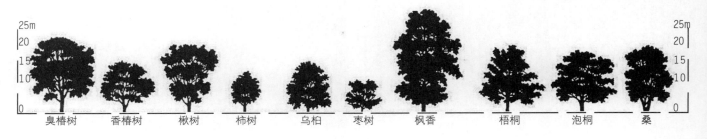

树木的外形

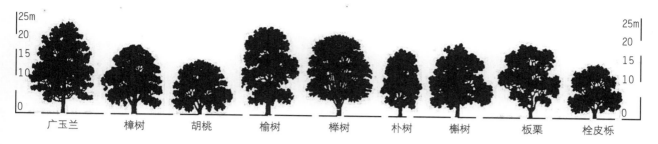

广玉兰　樟树　胡桃　榆树　榉树　朴树　槲树　板栗　栓皮栎

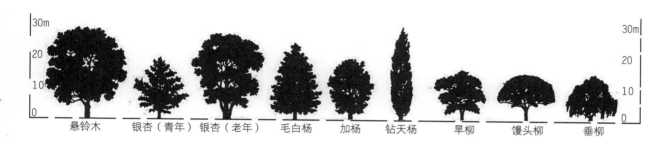

悬铃木　银杏（青年）　银杏（老年）　毛白杨　加杨　钻天杨　旱柳　馒头柳　垂柳

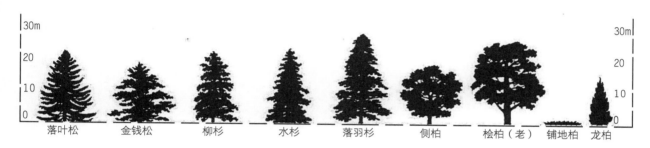

落叶松　金钱松　柳杉　水杉　落羽杉　侧柏　桧柏（老）　铺地柏　龙柏

油松（青年）油松（老年）　马尾松　白皮松（单干）　白皮松（多干）平头赤松　冷杉　云杉　铁杉　雪松

图2-13 参考《图解园林植物造景》（二）

纺锤形植物可引导人的视线垂直向上，造成高耸的感觉。纺锤形植物如与低矮的植物组合搭配，形成对比，可突出纺锤形植物的特点，使其成为视线的焦点。

2. 圆柱形

圆柱形植物外观竖直、狭长呈筒状，与纺锤形植物相似，其形整齐，占据空间小，引导视线垂直向上，垂直景观明显，如圆柏、黑松、钻天杨等。圆柱形植物在景观设计上的功能与纺锤形植物相似。

3. 圆形或球形

此类型植物有着显著的圆形或球形的外表，以曲线为主，柔滑圆曲。球形树木是所有形式中最为普遍也是运用最广泛的类型之一，此形树木温和婉约，多用于联系贯穿树木布置，以调和其他外形较强烈的树木，常常作为过渡树种来布景，比如栎树、白蜡树、海桐、小叶黄杨等。

4. 平展形

这类树木通常有水平生长的习性，形象比较安定、亲切。此类树木有宽阔伸张的感觉，姿态舒展、潇洒，可与圆柱形、纺锤形植物形成对比，常在开阔的草坪上使用。这类树木如与建筑相邻，可使建筑的线条给人以外延的感觉。常用的植物有合欢、铺地柏等。

5. 尖塔形

此类植物一般具有明显、直立的主干，其树冠基部宽大，逐渐缩小到顶部的尖端，例如雪松、云杉、南洋杉等。尖塔形的特殊几何形状使其具有很强的识别性，尤其是与较低矮的树木形成对比时，常成为视觉景观的焦点，此外尖塔形植物也可以与尖锥形的建筑物或高耸的山峰相辉映。

6. 垂枝形

所谓垂枝形树木是指其有下垂枝条的树木，如垂柳，迎春花，由于其枝条弯曲下垂有引导视线向下的功能，常用于堤岸和围墙顶部绿化，柔化了坚硬的构筑物边界，并形成起伏的造型，垂曳生姿。

7. 特殊形

特殊形是指植物有独特的外貌，其树干或扭曲，或多瘤节，或缠绕等形成不寻常的形式。特殊形多数是成熟的树木，大多数的特殊形树木都是自然生长形成的，除了盆景或人工特地栽培的树木外。特殊形树木由于其独特的外表，在景观设计中常作为设计的重点，与低矮的灌木组景作为视线的焦点。

当然，并非所有的植物都能很明确地适用以上的分类，有些植物很难描述其外形，有些植物的外形是介于两种形态之间。即使如此，植物的外形仍是视觉特征的一项重要因素。

二、植物外形在景观设计中的应用

（1）植物的外形并不是一成不变的，植物在不同生长发育阶段其外形也是不同的，如幼年油松的外形是圆锥形，到中老年后，其外形姿态越发奇特，老年油松的外形姿态亭亭如华盖。在景观设计中可以利用植物外形随时间变化的特点将景物设计成一幅"时间"的画卷，让观赏者感受四季的变迁。

（2）植物以树群出现时，个体的外形隐而不显，在此情况下，植物树群的外观就显得更为重要。植物以树群出现时一般多用作景物的背景或基础，一般要求树群的外形比较整齐统一，以更好地补充建筑等景观主体（图2-14和图2-15）。

（3）植物的外形与地形的巧妙结合可增强地形的起伏。在土丘上方种植纺锤形、圆柱形、尖塔形植物，在山基上种植矮小、扁平或匍匐形植物，借植物外形姿态的对比以烘托地形的变化。

图2-14，图2-15 植物以群体的形态出现，作为景观的基础或背景，摄影：黄亮

图2-14

图2-15

（4）不同外形的植物经过妥善搭配可产生韵律感、层次感等视觉效果，可以起到活跃气氛、调节设计焦点的作用，如垂枝形与平展形、圆柱形与圆球形植物的搭配等。

第三节　景观植物的质感

植物的质感是指个体或群体在视觉上的粗细感。质感是植物最有形式感的特性之一。无论是整株植物的生长密度，还是单片叶子、茎杆以及嫩芽的表面特质都能形成质感效果。在近距离观赏时，植物的质感就显得尤为重要，其可影响组合的统一性与变化性、视觉上的趣味性以及设计的情调。

一、植物质感的类型与特征

不同质感的植物在景观中具有不同的特性。根据植物的质感在景观中的特质与功能，将植物分为粗质感、中质感、细质感三种类型。

1. 粗质感

粗质感的植物通常都是由粗枝、大叶组成而缺乏细小的嫩枝，并且树形较为疏松，如枇杷树、鸡蛋花、木芙蓉、刺桐、木棉、广玉兰、铁树、剑兰等。粗质感植物的特色及功能如下。

（1）粗质感的植物给人以强壮、刚健之感，而且非常显著夺目，当它置于细质感中，会产生强烈的对比。因此在设计中可以作为视线的焦点，用以吸引观察者的注意力或暗示力强气盛的感觉。但不可多用，以免造成喧宾夺主或分散无重点的感觉（图2-16）。

（2）粗质感的植物较有活力，有使景物"逼近"观赏者的动感，造成感觉上的距离比实际距离近的错觉。因此粗质感植物适合在较为开阔的空间里使用，在小巧细密的空间内应尽量少用，以免造成太过拥堵的感觉（图2-17）。

图2-16

图2-17

图2-16，图2-17 粗质感的植物给人以强壮、刚健之感，而且非常显著夺目，有使景物"逼近"观赏者的动感，摄影：黄亮

2. 中质感

中质感的植物是指具有大小适中的枝叶及密度适中的树冠。多数植物都属于此类植物，例如女贞、银杏、紫薇、榕树、无患子、紫荆等。中质感在植物种植设计中所占的比例最大，是设计的基本质感，可以作为粗质感与细质感的过渡元素，使整个景观设计和谐统一。

3. 细质感

细质感的植物具有细小的树叶、细瘦的枝条以及紧凑密实的树冠，如小蜡、榉树、珍珠梅、瓜子黄杨、迎春花等。细质感植物的特性与设计上的功能如下。

（1）细质感植物柔顺纤细，在设计中应用会给人以细致的景观风貌感受。例如修剪过的绿篱轮廓清晰，外观密实、精细并且"平整"，看起来很协调，犹如一面墙，给人以规整严谨的感觉，搭配粗中质感的植物可以增添视觉吸引力（图2-18）。

（2）细质感植物精细的质感效果可以营造出清晰协调的背景，具有一种远离观赏者的倾向，在视觉上起到扩大花园空间的作用，在紧凑狭小的空间中使用效果比较理想（图2-19）。

二、植物质感在景观设计中的应用

不同的植物具有不同的质感，同一种植物在不同的生长环境、不同的生长阶段，其质感有时也是不一样的。植物的质感有多种作用。

（1）相同或相近质感的植物组成的植物群，其外观显得连贯而有力，并且可以形成统一的外观形象，作为设计的基调。

（2）植物的质感随观赏距离的改变而改变。近距离时，植物叶片的大小、形状、表皮特色以及小枝条的排列都影响着质感；而远距离观赏时，植物的质感主要体现在枝干的密度所产生的光影变化上。在近景中，可利

图2-18 云南黄素馨柔软纤细的外形，犹如一面墙，搭配粗中质感的植物，增添了景观的层次感

图2-19 竹子具有紧凑密实的树冠，作为背景，有一种远离观赏者的倾向

用植物的质感增添变化，增加情趣；在中景和远景中，质感可增加景观的
层次和明暗的对比。

（3）在景观植物设计中，可以利用植物质感的对比，达到突出景物的
效果。如由经过修剪的紫杉绿篱所具有的那种致密精细的质感环绕自由生
长的玫瑰花丛，可突出玫瑰花自然天成的感觉（图2-20和图2-21）。

（4）在空间与空间的过渡与连接处采用质地相近的材料做过渡与连接，
使景观相互交融。如要让植物与建筑物或其他构筑物产生呼应，那么在植
物质感的设计中就需要把建筑物具有的材料质感及建筑的造型考虑进去
（图2-22）。

图2-20

图2-20，图2-21 植物质感粗细的对比，使植物的
形态更加鲜明，摄影：王晨、黄亮

图2-22 植物材料的质地与建筑材料相近，使景观相
互交融，摄影：黄亮

图2-21

图2-22

第三章
景观植物设计的生物学特性

第一节　景观植物设计对生长环境的要求

植物材料有许多特性不同于其他景观设计元素，最大的特点是它是活的设计元素，是有生命力的，他们必须生长在适宜的环境中，特别是适宜的气候和土壤。只有生长在适宜条件下的植物才会显示出最佳的观赏效果。我们在野外旅行过程中会发现景观是不断变化的，土壤肥沃的温带水果生长区会逐渐被生长在贫瘠土壤上的落叶树和针叶树所取代。生长在热带气候区的植物耐寒性差，它们在冬季如不采取保护措施极易受到伤害。在适宜环境和肥沃土壤中长势良好的植物在贫瘠的土地上生长时会变得矮小。因此，要想做好植物设计，就必须了解植物的生长环境及其视觉效果。

一、温度

温度是树木生长发育必不可少的因子，也是影响树木分布区的主导因子。不同的树种对温度的适应范围不同，其主要原因是温度因子影响了植物的生长发育，从而限制了植物的生长范围。决定植物是否能够在某地生长最关键的温度因素是冬季的最低气温。耐寒度是指某种植物在不受霜冻侵害时能够存活的最低温度。如果植物的耐寒度高于某一地区冬季的最低温度，则该植物可以在该地区存活。而对于夏季而言，极端的最高温度并不是最重要的，夏季温度的总量——夏季平均温度才是决定性因素。植物只有在达到特定的温度条件下才能发芽、生长、开花、结果，气候越温和，可供选择的植物种类也就越多。

任何一块场地都会受到所处大环境气候的影响。这些先决的自然条件是我们无法改变和规避的，它也决定了不同植物的分布范围。但是生长区域的小环境却是可以改变的。如建筑的内庭院、建筑的向阳面等区域不会受到风和冷空气的影响，如果同时还具备其他有利的生长条件（如土壤、水分等），那么适合这个区域生长的植物种类就会有所增加。

二、水分

水分是植物生长发育过程中起决定作用的因素之一，是植物维持生命的必需物质，也是植物体的重要组成部分，一般植物体都含有60%~80%，甚至90%以上的水分。植物对营养物质的吸收和运输以及光合作用、呼吸、蒸腾等生理作用，都必须在有水分的参与下才能进行。因此在自然环境中，降水量的多少对植物至关重要。特别是在夏季，水分可以让生长中的植物避免在高温、高强度光照时干涸死亡。在冬季，大多数植物都会因为叶片的脱落而进入休眠状态，因此这个时候的植物对水分的需求量是很小的。但是，冬季降水（雪）对寒冷地区的植物仍非常重要，因为厚厚的雪层可以让植物地上靠近地面的部分和地下根系部分免受严寒的侵害。如果没有雪层的覆盖，严寒会给常绿植物造成冻害。随着水分从植物叶片逐渐蒸发出去，而植物又无法从坚硬的冻土层中吸取水分，植物就会出现霜冻干旱现象。

土壤的自然含水率受降水量、当地地下水位的高度、土壤的渗透性以及场地的坡度等因素决定。植物能够从土壤中吸取多少水分取决于植物的外形结构。不同的植物对水分的需求量是有差异的。有些植物偏好干旱的环境，而有些植物只有生长在水中才能枝繁叶茂。根据植物对水分需求量的不同可以将植物分为以下4类。

旱生植物：能长期忍受干旱而正常生长发育的植物种类叫旱生植物，如柽柳、胡颓子、木麻黄等（图3-1和图3-2）。

水生植物：只有在水中才能正常生长的一类植物，如荷花、睡莲、水葱、菖蒲等（图3-3～图3-5）。

湿生植物：适于生长在水分比较充裕的环境下，土壤短期积水时可生长，过于干旱是易死亡，如落羽杉、池杉、水松、夹竹桃等（图3-6～图3-8）。

中生植物：适宜生长在干湿适中的环境下的大多数植物均属此类，如香樟、枫树、梧桐等。

图3-1，图3-2 旱生植物形成的景观，摄影：许健宇

图3-3，图3-4 美国长木公园的水生植物景观，摄影：孙少婧

图3-1

图3-2

图3-3

图3-4

图3-5

图3-6

图3-7

图3-8

图3-5 大面积种植的荷花形成荷叶涟涟的景观效果

图3-6～图3-8 由湿生植物环绕水体而成的景观，丰富了水体的立面效果，使水体的形象婀娜多姿

三、光照

光照是制造有机物质的能源，各种植物都要在一定的光照条件下生长。光照强度是指太阳光在植物叶片表面的照射强度。它不仅影响光合作用的强弱、生长的快慢，而且影响到植物体各个器官结构上的差异。生长场地的光照程度则决定了一株植物能否在此地存活并茁壮生长。根据场地的光照情况，场地可分为"完全日照区"、"部分阴影区"、"全阴影区"等几种类型。有些植物喜光但不耐阴，通常被称为阳性植物，如泡桐、悬铃木、栾树、楝树等。有些植物喜阴，在较弱的光照条件下生长良好，常被称为阴性植物。他们通常处于林木的中、下层，或生长在潮湿背阴处，如蚊母树、茶、香榧、地锦、珊瑚树等。有些植物则可以同时适应这两种条件，如山楂树、椴树、珍珠梅、棣棠等，这些植物常被称为耐阴植物。

植物的耐阴性是相对的，不是固定不变的，它的喜光程度与生长环境中的气候、温度、土壤、水分等密切相关。并且，植物在不同的生长发育阶段，对光照的要求也会有所改变。通常植物在幼年阶段比较喜阴，而成年以后趋于喜光。场地的光照时间不仅是选择单株植物时需要考虑的一个因素，它也会影响花园局部或整个区域的景观特点。对于明显的阴影区和光照区而言，这一点尤为重要。在阴影区，植物开花的现象会比较少，主要以耐阴植物为主，重点突出植物的叶形、颜色和质感。

四、土壤

土壤是植物生长发育所需水分和矿物营养元素的载体，更是固定植物的介体，植物通过生长在土壤中的根系来固定支撑其庞大的身躯。土壤的构成及其水分和养分的含量因素对于植物的生长都至关重要。在为场地选择植物品种时，要考虑土壤的类别（黏土、壤土、沙土）和pH值（酸碱度）等因素。不同的植物对pH值的要求也不尽相同。大多数植物适合在中性土壤（pH=6.5～7.5之间）中生长。要求土壤pH值在6.5以下的植物属于喜酸性植物，如马尾松、红松、杜鹃、石楠、栀子花、含笑等；要求土壤pH值在7.5以上的植物属于喜碱性植物，如合欢、黄栌、木槿、沙枣等。土壤的pH值又决定了土壤的养分含量，酸性土壤养分含量低，而碱性土壤养分含量高。

区域小环境会因为场地所处的坡向和日照程度的不同而有所差异。朝南的坡地通常比较温暖干燥，朝北的坡地则相对寒冷湿润。我们在野外爬山的过程中会发现，山的北坡和南坡生长的花卉品种会有很大差异，花的色彩也大不相同。

第二节　景观植物的生态环境功能

随着工业化的发展，城市人口的高度集中和工业污染、城市生态环境日趋恶化，如何维系城市生态系统的平衡，达到三大效益的协调发展，已成为社会发展的迫切需求。

植物是城市生态环境的主体，在维护生态平衡、改善生态环境中起主导和不可替代的作用。人们对景观植物在改善空气质量、除尘降温、增湿防风、蓄水防洪等多方面的功能已有较充分的认识，植物造景最具有价值的功能是生态功能。因此，了解植物的生态习性，合理应用植物造景，可充分发挥植物的生态效益，改善我们的居住环境。

一、调节小气候的功能

所谓小气候是指小区域内特有的气候条件。通过植物的种植可以控制光照，提供阴凉，增加湿度等以达到调节区域内小气候的目的。主要表现在以下几个方面。

1. 调节风的速度与方向

　　冬季，常绿的针叶和阔叶树林可以阻挡凛冽的寒风。夏季，植物茂密的树叶可以减弱风速或引导风向至需要的场所。树种的不同，高度的差异，叶密度和叶大小的不同，孤植还是成排种植，都影响着风的大小和方向。一般常绿的针叶树防风效果最好，成排成列的树林防风效果好，阔叶的乔灌木在夏季控制风速最佳。

　　一般在防风林的背面防风效果最佳，因此防风林宜设在保护区的前面，而且防风林带的方向应与主风向垂直。其树种应选择抗风强、生长快且生长周期长的树种，如东北华北的防风林常用树种有杨树、榆树、松树、柏树等（图3-9和图3-10）。

图3-9

图3-10

图3-9 由地形和植物共同组成的下层围合空间，形成自有的气候环境，摄影：黄亮

图3-10 由乔灌木围合而成的向阳背风的温暖小环境，摄影：孙少婧

2. 控制光照强度与温湿度

植物的枝叶能阻挡阳光，吸收热量，降低温度，在烈日炎炎的季节创造阴凉的区域。城市植物在夏季的降温增湿效果非常明显，据研究表明，一般绿地地面的日均温度比无绿化地面的日均温度低2.0℃以上，相对湿度也比无绿化地面点高。植物的常绿与落叶、冠幅大小、枝叶疏密度、质地的不同，对光照强度的控制及空间阴凉效果的影响程度也不一样。在冠幅大、枝叶浓密的榕树行道树下相比冠小叶稀疏的棕榈树下要阴凉许多。另外，植物还可以增加土壤和空气中的湿度，这一点对气候干燥的北方城市尤为重要（图3-11和图3-12）。

图3-11

图3-12

图3-11，图3-12 炎炎夏日，树荫给人们带来一丝
丝凉意，摄影：黄亮

3. 植物的其他防护作用

在地震多发的城市、风景区的烧烤区、工厂易燃易爆的防火区，可以用不易燃烧的树种作为隔离带，既起到美化作用又具有防火功能，而且经济易实施。此外，植物还有其他的功能，如在多雪的地带可以树林形成防雪林带；在沿海地区可以种植防海潮风林带；在热带地区的浅滩上种植红树林作为防浪墙等。

二、植物的工程功能

1. 减少水土流失

植物具有较强的保水能力，其树冠枝叶能截住降水，吸收降水，减少对地面的冲蚀，并且可以防止地面水分的蒸发。植物的枯枝落叶和结构疏松的、孔隙度高的林下土壤具有很强的蓄水能力。因此，植物具有涵养水源、减少地表径流、保持水土的作用。据专家测定，3333公顷森林的保水量相当于一座100万立方米的水库容量。一般绿地内地表径流仅占降水量的10%左右，70%以上可以渗入地下。植物的根系形成纤维网络，能有效防止土壤被冲刷流失。植物的根系分布深广，可加强固土作用，并有利于水分渗入土壤的下层。

2. 减弱噪声

城市中充满各种噪声。植物可以起到一定的防噪声作用。树木通过其枝叶的微震作用能减弱噪声，叶片密集像鳞片状重叠的树木更是可以像海绵一样吸收和阻挡噪声的传播。一般种植区离噪声的距离越近，植物的种植密度越大，枝叶越稠密，林带越宽，则减噪声效果越好。乔灌木结合的厚密树林的减噪声效果较佳。据测定，10米宽的林带可以减弱噪声30%，20米宽的林带可以减弱噪声40%，30米宽的林带可以减弱噪声50%，40米宽的林带可以减弱噪声60%，建筑立面种植攀援植物，如爬山虎、常春藤等进行垂直绿化时，噪声可减少约50%（图3-13）。

3. 净化空气

植物在光合作用下具有吸收二氧化碳释放氧气的功能，因此人们也把绿色植物形容成"氧气制造厂"。据科学家研究得知，1000平方米的森林每天可消耗1000千克的二氧化碳，释放出750千克的氧气，相当于100个人每天正常生活需要的氧气量。除此之外，植物还具有杀菌净化空气的功能。城市空气的主要污染物——灰尘中含有二氧化碳、一氧化碳、二氧化硫、二氧化氢等有害物质，植物可以对其进行吸收、转化，通过新陈代谢的功能作用，使环境得到净化。有些植物还可以分泌出独特的气味，具有杀菌驱虫的功效，如香樟、艾蒿、菖蒲、桧柏、柠檬树等。植物的树干、枝叶表面粗糙，小叶与绒毛分别有吸尘、滞尘的作用，还能像滤尘器一样使空气清洁。

图3-13

图3-13 干道边上的绿化带有效地减弱噪声，摄影：孙少婧

第三节　景观植物设计的季相变化

植物材料有许多特性不同于其他景观设计元素，最大的特点是其为活的、可生长的材料，伴随着植物的生长，它们的外形会不断地发生变化。这种变化的速度有时会非常明显，甚至每天都能看到变化的发生。如有些落叶树一年四季各有景色：春花嫩叶、夏荫浓密、秋枫殷红、冬枝枯桠。植物的这种变化依据其寿命的长短可以持续几十年，甚至几百年。另外，幼树逐渐成长茁壮、青翠，虽在短时不易察觉，但经过一段时间后便有相当大的差异。在花园中，人们可以观察到一个连续的生长和逐渐死亡的过程。植物的这种可生长的特性也给我们的设计带来一系列问题。例如，一座花园到什么时候是初见成效？到什么时候是完全建成？又在什么时候开始失去品质？植物的生长需要很长的时间，因此，以植物为素材的设计需要很长一段时间才能看到效果。设计师对植物的设计不能不考虑时间的因素，不能只看植物对目前设计的影响，还需要预期以后的改变结果，并将此问题向业主说明，让其了解初植树与成年树的景观差异，不然在空地上刚刚完成的种植布局看起来空荡荡的像似没有完工似的，必然会让他们十分失望的。因此在实施这样的设计时，最好能选用与空间比例相匹配的规格大一点的植物，以便在施工的初期阶段就能形成一定的空间和格局。此外，不同植物的色彩和质感也能突出季节的变化。

一、植物设计的季节变化

尽管很多木本植物的空间结构都不会发生太大的变化，但是在初春和入秋时节，植物外观颜色通常都会发生变化。任何一种植物都有自己特有的一系列季相变化。植物的这种动态的特性关系着种植设计时的选种及种植位置。我们不只要考虑植物本身的四季变化，也要注意其对周围环境的影响，常犯的错误是选择了一季怡人的植物，却忽略了它们在其余季节的变化。以紫薇为例，它们在夏季繁华怒放，但是到了冬季，其光秃秃的外形若没有其他植物的陪衬很难达到令人满意的效果。

花园的种植设计通常以落叶乔木构成夏季绿色的主题框架。但是入冬以后，落叶乔木在叶子落光之后就会变成线条，常绿植物和针叶植物这时就会在视觉上凸显出来。这类植物一年四季的外观变化小，能够形成一种稳定感。如果种植得当，它们同样也能构成绿色的主题框架。花园的春季常以开花植物为主题框架，多以草本植物为主，这类植物在冬季地面以上的部分会枯萎死亡，但是到了春天又会在原地长出新芽，并且迅速长高长大。因此，在选择植物时，建议要考虑到它们在一年之中的外观变化，特别是对于那些如入口、中心广场等显著位置的种植设计更为重要。

在构思植物设计和植物布局时，很重要的一点就是要让色彩从早春到晚秋延续不断。一种方法就是以植物的花期和叶色期为依据对植物进行选择和分组，并将其布置在场地的不同位置，如果将多种花卉或叶色树同时栽种在同一个位置，则会显得杂乱无章，会削弱整体的印象。植物的花期通常都很短暂，之后将会进入相对平淡的阶段。如果想要得到花园的四季"色彩连绵不断"的效果，我们可以利用不同花期和叶色期的植物来实现。

二、植物的应季效果

植物在一年四季所产生的季相变化就像人的一生那样剧烈，不同的是这样的变化是在短短的一年之内完成的。它们在不同的季节或色彩斑斓，或婀娜多姿，或鲜艳动人，姿态缤纷，每时每刻都在发生着变化。只有仔细观察植物在一年之内的变化，才会更加欣赏四季的更迭交替。

1. 春季

春季是万物复苏的季节，开花植物较多，花期各有早晚。植物景观设计要按照植物的花期前后及开花特性进行合理搭配，使春季花色不断，给人以繁花似锦的感受。在树林、草地的边缘可大片种植早春开花的迎春、连翘、金钟花等开黄花的植物作为花带，在花带的后面种植植株较高的、稍晚开暖色系花的紫荆、垂丝海棠、贴梗海棠等，形成富有层次感的种植形式。紫花丁香和绣线菊的组合，以较高的紫花丁香为中心环绕种植开白花的绣线菊，形成二层种植结构。其花期较长，有将近一个月。此组合可种于开阔的草地上独立成群，最好以常绿的高大乔木为背景，突出植物的花色美（图3-14~图3-18）。

图3-14

图3-15

图3-16

图3-17

图3-14~图3-18 各种春季花卉形成姹紫嫣红的春季印象，摄影：黄亮、刘世华

图3-18

2. 夏季

夏季的植物枝繁叶茂，繁花不再，最明显的季相特征是林草茂盛、绿荫匝地。植物景观设计应该考虑此时的季节特征，注意色叶树种与绿叶树种的搭配，如紫叶李、紫叶桃、红枫等与绿叶植物的间种或把绿叶植物作为背景，金叶女贞、红花继木与绿色的瓜子黄杨组成色彩明快的图案，给夏季单调的绿色中增添一丝色彩。夏季开花的木本植物虽少，但仍有一些木本植物在夏季开花，如广玉兰、合欢、紫薇等，将它们种植于草坪上，能够起到很好的观赏效果（图3-19～图3-22）。

3. 秋季

秋季，人们最容易想到的是丰收。满树的果实沉甸甸的，充满丰收的喜悦。在秋季景观设计中，应充分利用植物各个观赏器官的部位特色，将形、姿和质感、线条等因素巧妙结合，如秋色叶植物和常绿植物的配置，突出色彩对比效果；将秋花、秋叶、秋果的色彩与建筑或景观小

图3-19～图3-22 色叶树的应用给夏季单调的绿色中增添一丝色彩，摄影：王芳、马欣、邹婧

图3-19

图3-20

图3-21

图3-22

品的色彩、线条等合理搭配，充分展现植物的局部美、个体美和群体美（图3-23～图3-25）。

4. 冬季

冬季，万物凋零，植物进入休眠期。这时的落叶植物和常绿植物各自显出不同的美。落叶乔木的枝干，在落叶以后，由枝干构成的形态具有很高的观赏价值，给人以很强的艺术感染力。还有颜色艳丽的观干树种，在落叶后也显出在其他三季被忽略的美。常绿植物是冬季花园的"救星"，尤其是阔叶常绿树更是冬天的安慰，它时刻提醒人们春天的脚步就要来临了（图3-26和图3-27）。

图3-23，图3-24 枯黄的树叶给人满满的秋意，摄影：黄亮

图3-25 秋色叶植物和常绿植物的配置，突出色彩对比效果，摄影：孙少婧

图3-26，图3-27 冬季植物景观，腊梅花和常绿树时刻提醒人们离春天的脚步不远了

图3-23

图3-24

图3-25

图3-26

图3-27

第四章
景观植物的景境设计

第一节 景观植物的生境设计

一、植物的生态特性

植物是活的有机体，其生长离不开它们所赖以生存的环境。不同的环境生长着不同的植物种类，不同的植物适应不同的气候和土壤条件，这就是植物的生态习性。植物适应不同的环境，产生了不同的生物学特性，如有落叶、常绿之分；速生、慢生之分；喜阳、耐阴之分；喜酸性、耐碱性之分；耐水湿、喜干旱之分等。植物对环境的要求形成了植物的地理特色，使各地的景观各有不同。因此，在进行植物景观设计时，首先应满足植物与环境在生态习性上的统一，选用适宜在基地上生长的植物，使植物健康、茁壮地成长，完成自身的生态功能，这是植物景观设计的基础——生境设计。如果环境条件不符合植物的生态特性，植物就不能生长或生长不好，就更谈不上营造景观特色了。作为景观设计师，除了要因地制宜，使所选的植物生态习性与基地的生态条件基本统一，还要为植物正常生长创造适宜的生态条件，只有这样才能使植物成活并正常生长，创造出充满生机、孕育生命的自然生境。

二、植物生境设计的原则

1. 优先选用乡土树种

在植物景观设计中，应以乡土树种为主，适当选用已长期引种驯化表现良好的外来树种。乡土植物在长期的进化过程，形成了对当地环境的适应性，也就形成了与此对应的生态习性，所以乡土树种对当地的自然条件适应性强，具有较强的抗逆性。与外来树种相比，乡土树种还具有较强的抗病虫害、抗污染能力，并且在长期的生产过程，当地群众对其生物学和生态学特性，包括繁殖、栽培、管理及开发利用等均比较了解，积累了丰富的经验。在景观设计中采用乡土树种，其一般生长良好，易管理，且能保持良好的生长发育特征。另外，乡土树种种源丰富，种苗基地与栽植地距离相对较近，可以做到随起随运随栽，减少了中间环节，栽植成本低，成活率高（图4-1～图4-3）。

近年来，随着城市建设和城市园林绿化的不断发展，出现了弃用廉价的乡土树种，引进外地昂贵植被、"大树进城"、以人工痕迹的植物组团代替自然原有群落等违反自然规律的极端做法，并且，经过时间的验证，很多违反自然规律的做法均以失败而告终。尊重自然，首先要尊重植物自己的选择，即植物对环境的选择，如水杉、垂柳耐水湿，宜在水边种植；高地不积水处宜种植松、柏、榆、枣类；竹柏、八角金盘等耐阴冷，宜植于庇阴处；在半日照条件下栽植红枫、山茶等；在向阳花坛植以牡丹、芍药等。只有这样，植物才能正常生长，才能形成最佳的景观效果。

图4-1 图4-2 图4-3

图4-1～图4-3 根据植物生态习性种植的植物群落

2. 营造生物多样性

无论是生态系统还是生物群落，只有当其多样化之后才具有稳定性，具有较强的抗拒外来影响的能力。当前，城市绿地中的植物配置种类较少，许多植物设计为了追求立竿见影的效果，轻易放弃许多优良的物种，否定慢生树种，采用大规格苗木等，都是不尽合理的配置方法。每种植物都有各自的优缺点，景观设计中，选用合适的植物种类，合理配置，发挥各自的优点，达到最佳的生态和景观效果是我们必须思考的问题。

多样的生态系统及物种构成使城市的景观绿地具备了较好的可持续发展潜力，对抗病虫害、自然灾害的能力较强。而单调的生态系统及物种构成使城市绿地显得相对脆弱，一旦遇见不可抗拒的自然灾害，绿地可能失去它应有的形态及功能。植物景观设计中，立体复层的植物群落结构有助于丰富绿地的生物多样性，立体复层的植物群落结构能够最大限度地利用土地和空间，使植物充分利用光照、水分、土壤等资源，对病虫害及自然灾害的抵抗力强，能产生更高的生态经济效益（图4-4和图4-5）。

植物的多样性还可以塑造景观的多样性。不同的植物其形态、质地、色彩均有差异，多样的植物可以营造更加丰富的景观，从而满足人们不同

图4-4 多样的生态系统和物种结构形成优美而富有层次的景观，摄影：黄亮

图4-5 丰富的植物种类形成优美的景观，摄影：孙少婧

图4-4 图4-5

的审美需求，满足城市不同的环境条件的要求。而且，景观植物在某种意义上可以塑造城市的特色，进而显示城市的风貌和特征，选择适合当地气候及土壤条件的地域性植物种类，从长远来说可以彰显地域文化。我国已有以植物简称为名的城市，如榕城、蒲乡等。

3. 考虑植物的种间关系

不同植物之间存在着相生或相克的关系。有些植物彼此相互依存、共同获利，有些植物之间会形成对抗或抑制的关系。如兰科植物具有菌根，这些菌根可以固氮，为植物吸收和传递营养物质；金盏菊与月季种在一起，能有效地控制土壤线虫，使月季茁壮生长；松树与蕨类植物种植在一起，可以相得益彰。相反，有些植物的分泌物对种间组合会有影响，会抑制其他植物的生长。如刺槐、丁香两种植物的花香会抑制邻近植物的生长，配植时可将两种植物各自丛植或片植；梨树和柏树栽植在一起，梨树生长不良且易得锈病，严重时还会落叶、落果。有些植物的分泌物具有杀菌作用，可防治病虫害，有利于相邻植物的生长，如松树、桉树、肉桂、月桂、柠檬、柏树、杨树以及一些蔷薇属植物。

植物种群间的关系是一个复杂的生物学问题，在植物景观设计时，要充分考虑植物之间的相生相克的关系，以构建和谐的绿地植物群落。

4. 合理保留场地原有树木

在城市建设和景观规划设计中，要尽可能地保留场地原有的生态系统和自然元素，尤其是一些特殊的自然元素和生态系统，如自然保护林、湿地区以及一些特殊的地形地貌等，同时要服务于新的场地规划，提高资源的利用率，维护生态系统的稳定。对于植物个体而言，植物在移栽的过程中会损失大量的养分，在适应新环境时会导致其生长缓慢或停顿，进而影响景观的形成，所以场地现有树木是场地景观设计的财富。在场地设计之前，要对场地进行考察；设计中，要把现有树木合理地纳入规划的范畴，以最经济的方式创造高品质的景观。

第二节　景观植物的画境设计

生活离不开美，植物景观设计同样需要美。当一个植物设计作品完成后，需要从一个角度或多个角度给人以可以入画的场景、美的视觉享受，这是植物景观设计追求的目的之一，是在充分满足植物对环境需求基础上的更高层次的追求——画境设计。

一、植物的艺术特征

植物景观设计是将不同的植物材料组成一个有机整体的过程。这个过程除了是生态设计的过程，也是艺术设计的过程，它如同绘画、雕塑、建筑一般，是线条、形状、质感、色彩的有机组合过程。从植物个体来讲，植物由茎杆、叶、花、果等组成，且具有一定的形式美。而从植物的搭配关系来看，由于植物的茎、叶、花、果以及植物的姿态在不同的空间和时间中会产生不一样的景观效果，呈现出异彩纷呈、千变万化的艺术效果，所以需要进行合理地配置。在植物设计中，要把植物元素抽象成线条、形状、质感、色彩等元素进行设计。线条是植物的枝条形态；形状是植物的外形轮廓；质感是植物的表面质地；色彩是植物的叶色或者花色。植物景观设计即将这些植物元素运用艺术设计的手法，考虑植物季节和年龄的变化，对植物的某些特征有意识地加以应用或强调，使植物之间产生和谐或对比之美。

二、植物画境设计的原则

任何具有美感的事物都是由构成要素按照一定的规律组织起来的，杂乱无章是毫无美感可言的。对于植物景观设计而言，同样需要遵循一定的组合规律。

1. 多样与统一

所谓多样与统一就是许多构成美的因子，或许多美的条件，常围绕着主题加以统一，以形成一个相对完整的、和谐的环境氛围为目的，追求一定程度的相似或一致性。在植物景观设计中，植物的线条、形态、色彩、质地均存在差异，设计要挖掘它们之间的内在和外在联系，保持它们之间的一致性，求得统一感。重复是体现统一最好的方法。统一本身就是一种美，因此植物造景除了需要丰富多样以外，亦十分讲究统一。植物景观设计中，多样性主要表现在植物材料本身非常富有变化且多样以及它与其他要素之间的组合形式非常多样，而统一性主要表现在两个方面，一是植物材料之间的统一；二是植物与其他造景要素之间的统一及与周围环境的统一（图4-6和图4-7）。

图4-6 统一的植物材料，变化的种植方式，形成相对和谐的景象，摄影：孙少婧

图4-7 变化的植物材料，统一的种植形式，简洁时尚，摄影：王晨

图4-6

图4-7

2. 对比与调和

对比是通过两种或多种性状有差异的植物的对照，突出彼此不同的特色，产生强烈的视觉效果，激发人们兴奋的感受。而调和是强调类似的色调和风格，使物体间的联系与配合具有柔和、平静、舒适和愉悦的美感。过分的对比，会使构图欠生动；而过分的调和会显得软弱无力，两者是对立又统一的两个方面。植物设计中的对比包括树木的大小、高矮、形体、色彩、面积以及体积的对比，其中以色彩和形状的对比最为醒目，也最具实践意义（图4-8和图4-9）。常见对比如水边间种桃树和柳树，形成桃红柳绿的视觉效果；空旷的草坪与竖向的水杉密林的对比，显得树木更加挺拔，草坪更加广阔。

3. 均衡与稳定

均衡是指在景物布置过程中沿着虚拟或真实的轴线两边布置，使两边大致均衡，从而达到稳定的状态。一般使用两种方法达到均衡：对称式均衡和不对称式均衡。根据环境的特点，可采用与之相协调的对称式均衡，把道路、水渠、门廊均充当轴线，在轴线两侧对应位置使用相同的单株植物、树群或是构筑物均可以得到对称的效果（图4-10和图4-11）。对称的种植可以标示空间的边界，暗示方向，常在规则式或威严、庄重的花园中使用。也可采用不对称式均衡，如在门口一边种植一棵高大的乔木，另一边种植体量较小但数量较多的灌木也可达到均衡和稳定。不对称式均衡的设计会让人觉得和谐、放松，不会像对称式的格局那样僵硬，多用于公园、游步道等轻松自然的环境中（图4-12）。

图4-8

图4-8 植物形体的对比以及种植形式的调和，呈现出生动活泼的景象，摄影：孙少婧

图4-9
图4-10

图4-11
图4-12

图4-9 绿色、锥形的雪松与红色、尖塔形建筑达到高度的对比与协调，摄影：张渊慈

图4-10 对称的种植使入口庄严肃穆，摄影：许健宇

图4-11 对称的树列暗示空间的边界与方向，摄影：黄亮

图4-12 石块、悬铃木与树丛组成的动态对称，使入口生动活泼，摄影：王松

4. 韵律与节奏

植物景观设计中，植物元素呈规律的、间歇性的重现，会产生韵律感，可以避免单调，使人的视觉产生富于变化的节奏感。如沿路较长的带状花坛，其单调的形式不易引起人们的注意，而如果将其连续性打破，形成大小花坛交错出现，具有节奏韵律感，则会易于为人们所察觉。植物设计中的韵律基本上以三种方式表现，称为简单韵律、交替韵律、渐变韵律（图4-13和图4-14）。简单韵律如同一种树等距离种植从而产生简单的节奏；一种乔木和一种花灌木相间排列产生交替韵律；渐变韵律如路边的植物布置由高而低起伏、色彩从深色到浅色、质地从粗到细的变化，具有复杂变化的构图等。

5. 比例与尺度

比例与尺度的变化会影响空间的形态变化。比例主要指不同物体之间在主要规格尺寸上的相互关系，它是观察者对设计元素形体之间的数值关系所进行的视觉衡量。植物景观中的比例与尺度包含了植物个体之间、植

物个体与群体之间、植物与环境之间、植物与观赏者之间等的比例与尺度关系。一般来讲，与人体尺度具有良好关系的物体的比例与尺度较易为人们所认可；大比例所形成的空间易使人感到畏惧、压抑；而小比例则具有从属感。值得注意的是，景观设计中植物的应用非常广泛，而且是唯一具有生命的设计要素，其外形往往会随着时间推移而不断变化，在与其搭配的其他要素不变的情况下，想要保持适宜的比例感与尺度感需要长期的整形与修剪。因此，在植物景观设计中，要具有动态的设计观，这一点对植物景观长期维持合宜的比例与尺度来讲，显得尤为重要（图4-15～图4-18）。

图4-13 方形块面的重复形成了明快的节奏感，摄影：黄亮

图4-14 简单重复的种植，具有简洁明快的效果，摄影：潘云

图4-15 尺度较大的建筑选用较高的植物做陪衬，既形成恰当的比例关系，又形成形态上的调和，摄影：许健宇

图4-16 低矮的花灌木搭配镂空的花架，形成亲切通透的环境，摄影：许健宇

图4-17，图4-18 狭小的空间配置细高向上的植物，使空间丰富而不拥挤，摄影：黄亮

图4-17

图4-18

第三节　景观植物的意境设计

长久以来，植物不仅仅是观赏的对象，还成为古人表达情感、祈求幸福的一种载体。许多古代诗词和民风习俗都留下了赋予植物人格化的优美篇章。它们是古人借物言志、含蓄表达的一种方式。人们漫步于园林中，不仅可以感受到花草芬芳和天籁悠然，而且可以领略到清新隽永的诗情画意，并通过象征意义激发观者内心的共鸣，使不同审美经验的人产生不同的心理感受，这就是植物意境设计。

一、植物的文化寓意

植物可以像建筑、雕塑那样见证城市的发展，记载城市文明，成为城市的标志。如杭州的花港观鱼、十里荷风，苏州的香雪海，北京的香山红叶，这些著名的植物景观已和当地城市的历史文脉紧紧联系在一起。在中国古典园林中，植物也用于造景、点景抒发园主情怀，表达设计者的审美意图，引发观者联想。

古代文人墨客根据植物的生长习性，结合自身的感受、文化素养、伦理观念等，赋予植物不同的内涵，极大地丰富了植物的文化寓意，为植物配置提供依据，也为游人提供了一个想象的空间。如松树生长于山岭危岩，姿态挺拔，不怕风雨、严冬酷暑，象征意识坚强，坚贞不屈的品格，也是长寿的象征；梅花冰清玉洁、凌寒留香，表现出那种"万花敢向丛中出，一树独先天下春"的气节，象征高洁、坚强、谦虚的品格，给人以立志奋发的激励；竹子的形态是正直挺拔，绿叶萋萋，外实中空，被誉为有气节的君子，象征着高风亮节、虚心向上。凡此种种不胜枚举（图4-19和图4-20）。

二、植物创造意境的手法

1. 托物言志——将植物拟人化抒发高洁的情操，表达其高远的志向

古典园林中，人们常常借助植物的自然属性或植物生长的自然规律来阐述园主人的哲学观点。"君子比德"是古典园林中一种典型的造园理念，园主人倾注植物以深沉的感情，表达自己的理想、品格和意志。托物言志就是运用植物的"质"营造诗画的植物景观，运用景观植物的内在品性，表达相应的比德之美。例如梅兰竹菊——四君子、岁寒三友——松、竹、梅（图4-21）。

2. 触景生情——以诗词书画、匾额题咏的点缀表达情感

诗词书画、匾额题咏与中国园林自古就有着不解之缘。园林中借鉴古

图4-19 牡丹寓意富贵，摄影：刘世华
图4-20 竹子与中国古典窗花相结合，意寓着内敛、谦虚

图4-19

图4-20

图4-21

图4-21 苏州博物馆内庭的竹景，摄影：孙少婧

典诗文的优美意境，配合恰当的植物点景，增添景观的诗意。如拙政园的"荷风四面亭"，此亭正处于水池之中，夏日四面皆是荷花，题名点出夏日亭四周荷花清香扑鼻之意，在丰富景观欣赏内容的同时，增添了意境之美。扬州个园有副袁枚撰写的楹联："月映竹成千各自，霜高梅孕一身花"，咏竹吟梅，一幅意趣盎然的水墨画浮现在观赏者的脑海中，赋予了植物景观以诗情画意的意境美，同时也隐含了作者对君子梅竹般品格的一种崇仰和追求（图4-22和图4-23）。

3. 借视觉、听觉、嗅觉等营造感人的环境

植物的色彩能够渲染空间的氛围，烘托主题。例如承德避暑山庄的"金莲映日"，殿前植金莲万株，其枝叶茂密，花径有二寸多，阳光下似黄金布地。声在景观中能引起人们的想象，是激发诗情的重要媒介，产生意

图4-22，图4-23 利用匾额、对联增添了景物的意境

图4-22

图4-23

境。如苏州拙政园的"听雨轩""留听阁",借芭蕉、残荷在风吹雨打的条件下所产生的声响效果而给人以艺术的感受;在承德避暑山庄的"万壑松风"景点,也是借风掠过松林发出的瑟瑟涛声而引人联想的。植物的香气也是形成意境的方法之一。例如苏州拙政园"远香堂",留园的"闻木犀香轩",网师园的"小山丛桂轩"等,则是借荷花、桂花的香气而抒发某种感情(图4-24和图4-25)。

图4-24 炎炎夏日,坐亭观景,闻荷香,给人无限凉意
图4-25 厅堂一角的木樨开花时香气怡人

图4-24

图4-25

第五章
纯植物的景观空间设计

第一节　景观植物作为空间设计元素

　　室外场地的设计与建筑设计一样，它们的关注点都在于对空间的塑造。建筑师是用砖、石、木料等建造房屋的，而在种植设计中，景观设计师则是使用单株或成丛的景观植物来创造绿墙、棚架、拱门和多样的地面形式的。如果把公园看成是室外的房间，那么植物种植也具有建筑特征——地面、天棚、墙体。如图5-1、图5-2、图5-3所示的拱门、有茂密草坪覆盖的地面、修剪平整的绿篱都是室外空间组成部分的例子。而且植物是有生命的、动态的，因而景观空间中的天棚、墙体和通道就有开花的、结果的、常绿的、落叶的，是有生命的，是处于永远的成长、变化之中的。

一、植物作为景观中的地面

　　景观空间如同建筑空间一样，地面是其空间重要的承载和出发点。地面的质地、规格、材料暗示着空间场所的性质和功能，它不仅可以起到指示方

图5-1

图5-1～图5-3 拱门、草坪、绿篱都是景观设计中不可缺少的部分，摄影：韦静、黄亮、黄亮

图5-2

图5-3

向的作用，还可以调动游客的情绪，提示游客是快步冲过去还是在此逗留休息一会儿。景观中的地面设计主要有两种作用：一是作为观赏视距用于展望前面的景观；二是经过装饰的地面强调景观空间的形式特征。景观中地面材料的选择多种多样，铺地的纹样、质地和材料的选择主要是由空间的性质和功能决定的，不同性质功能的空间其地面的处理方式也会有鲜明的区别。

1. 草坪

草坪是公园里最简单最常用的一种绿化形式。草坪那均匀整齐的绿色对其他景物起到了很好的衬托作用。它既可以弱化地面的细腻质地与植物材料形成的景观环境之间的鲜明对比，还具有为建筑与自然风光之间提供过渡空间的功能。草坪可以有正方形、矩形、圆形或不规则形状等多种形式，草坪的存在提供了过渡空间或展示空间，为各种娱乐活动提供了娱乐场地，创造了大空间的感受。草坪把周围绚烂多彩的植物统一在一起，提供了一个安静和谐的中心，所以许多花园都采用中间为小型草坪，周围围绕着各种植物种植床的做法，把周围喧嚣的植物世界统一在草坪中心周围（图5-4）。

2. 地被植物

由低矮的地被植物，如藤蔓、铺地柏类、草花类等单一的植物形成的地被表面，其地面不具备硬地铺装和草坪的功能，但风格相对整齐，可以作为植物或者构筑物的背景。有些草花类的地被植物一年四季色彩变化丰富，增加了景观的可看性，有时甚至可以作为某一季的主景，如水杉林下的红花酢浆草，在春季是主要的观赏对象。地被植物和草坪可以一起应用，它们的质感对比和色彩的微妙变化可增加空间的层次感（图5-5）。

3. 花池

花池即植物的种植池，通常花坛紧邻建筑或建筑附近平坦的台地。它可以是直线形，也可以是折线或曲线形。花池中常使用植物、花卉、沙砾等创造多种层次的搭配组合，形成主要的观赏景致。在景观中使用花池，

图5-4 草坪作为景观中的地面，既能承担硬质空间的功能，又具有统一周边的植物，创造宁静空间的作用，摄影：许健宇

图5-5 地被植物为地面增添了色彩与层次，与草坪交错布置，形成地面肌理与光影的微妙变化，摄影：孙少婧

图5-4

图5-5

可以是建筑物的几何造型延伸入自然景观之中，使建筑物与场地联系在一起，创造花园与建筑的协调统一。花池具有划分空间、定义边界的作用，布置于道路边上具有指引方向的作用（图5-6和图5-7）。

4. 模纹花坛

又叫毛毡花坛或模样花坛，通常由层次分布不明显，整体规则，以色彩鲜艳的各种矮生性、多花性的草花或观叶草本为主种植出的犹如地毡的图案式花坛。模纹花坛的设计纹样变化多样，既可以是规则的几何形式，也可以是抽象的图案，甚至是题字。模纹花坛的优势不但体现在其设计的多样性带来的强烈装饰作用，使其成为景观的视觉焦点，也在于其灵活性的种植方式，赋予景观多变的视觉感受（图5-8和图5-9）。

二、植物作为景观中的墙体

景观中的"墙"体是指在景观设计中以垂直方向的形式出现的构筑物。墙体能够划分空间，创造边界，还能给人以方向感。墙的形式、位置及其使用的材料均是由设计意图决定的。公园的墙可以由木材、砖、石、瓦、灰泥或金属等材料构筑而成，也可以由藤本植物、树木或灌木等景观植物组成。

图5-6 建筑入口的花池，作为建筑形体的延伸，同时界定入口的空间形态，摄影：许健宇

图5-7 用可移动的花池随机组成的形态，生动活泼，给建筑增添了几分活力，摄影：许健宇

图5-8 模纹花坛具有强烈的视觉效果，成为空间的焦点，摄影：许健宇

图5-9 模纹花坛赋予地面如地毯般华丽的色彩和肌理，摄影：潘云

图5-6

图5-7

图5-8

图5-9

1. 绿篱

由灌木和乔木成行列式紧密栽植而形成的绿墙称为绿篱。它通常由藤本植物、花灌木、多年生的植物或树木所组成，常倚靠墙面、栅栏或是建筑，其枝杈被修剪、培植成整齐的造型。绿篱在景观中的作用相当于墙体，具有多种形式和用途，既可以围合空间，又可以挡风，还可以成为雕塑或其他构件的背景，创造边缘效果或强调设计的轮廓线（图5-10和图5-11）。

绿篱可以是常绿的，可以是落叶的，也可以以观花、观果为主。绿篱一般使用常绿植物，如黄杨、大叶黄杨、冬青、小檗、女贞、继木、刺柏、圆柏等。绿篱也可以选用落叶植物，例如小蜡。木槿、火棘是较为常用的观花、观果绿篱。用作绿篱的植物需要叶子密实，枝干紧凑，分支较低，避免底部枝干裸露，也可以采用复层的绿篱结构对裸露的底部进行遮挡。

绿篱的特征和状态不仅取决于它所采用的植物材料，还取决于植物材料的高度和整体的形态。膝盖高度的绿篱形成暗示性的围合，既使游人视线开阔，又是形成花带、绿地或小径的构架；齐腰高的绿篱能分离造园要素，且不会阻挡参观者的视线；而与人等高的或更高的绿篱则能够创造完全封闭的私密空间，可以在室外场地中用作绿色的边界或是"影壁墙"。它们可以种在远离建筑物的地方或是与建筑物形成对比，具体处理手法并非一成不变。绿篱块是由立方体形的绿植组成的不同高度的造型。多排种植的方式会加深绿篱的景深感。修剪成自由形态的绿篱会产生强烈的雕塑效果。

2. 树列

树列是指乔灌木按照一定的株行距成列种植，形成整齐的景观效果。树列是植物景观设计中反复使用的设计元素。它们不仅可以界定空间，还可以突出韵律感（图5-12）。在许多城市的街道、广场以及河道周边都种有呈线性排布的树列。其中树木的种植间距、体量以及植物品种的选择影

图5-10 高低错落的绿篱暗示了不同大小的心理空间，摄影：许健宇

图5-11 深绿色的整形绿篱衬托出花卉植物的娇柔与妩媚，摄影：许健宇

图5-10

图5-11

响了游客的心理感受，通过设计通道上的标识、交叉口以及各个空间的连接形式，能够调节整个游园的游览节奏，达到控制游人动态游览过程的目的。树列所选择的植物材料通常能够形成一种障景，作为这一景区的框架或边界，同时它也可协调沿街立面。如果建筑之间的差异很大或是街道的整体形象杂乱无章的话，那么就可以采用树来充当视觉调节因素（图5-13）。另一方面，树也可以让看起来单调乏味的街道活跃起来（图5-14）。

树列在景观中可以作为景物的背景。在树种的选择上要考虑对景点的衬托作用和环境氛围的需要。如果景点为纪念碑等，则需要营造庄严肃穆的氛围，列植的树种应以常绿针叶树种为佳，圆柏、雪松等是较为常见的选择。树列种植于道路两侧可形成林荫道。树种一般选择冠大荫浓的乔木，树的间距一般在5~15米，具体距离视具体树种而定。树的间距越近，空间的围合感就会越强。

3. 绿化墙体

绿化墙体指在垂直的表面例如建筑墙面以及藤架、凉廊、影壁墙这样的垂直构件上覆盖藤本植物形成封闭或是通透的空间边界。它表面的局部或全部爬满绿色的或开花的植物，形成绿色的空间墙体（图5-15）。绿化墙体兼有建筑与绿化的功能，是建筑与景观的过渡。当构筑物外墙爬满绿色的植物时，墙体的表面会形成富有四季变化的肌理效果，好似建筑的绿色外衣（图5-16）。另一方面，墙面、花架、藤架在植物的缠绕下会产生柔和的、多变的细节，丰富竖向的视觉效果，并起到界定空间界线的作用。绿化墙体上的攀援植物有以观叶为主的，也有以观花为主的（图5-17）。常用的攀援植物有月季、紫藤、炮仗花、金银花、铁线莲、牵牛、常春藤、爬山虎、葡萄、五叶地锦、绿萝等。根据攀援方式的不同可将攀援植物分为自攀援植物（无需借助任何攀援构件就能爬满整个垂直表面）和缠绕型攀援植物（需要借助构架辅助它们攀爬的）。

图5-12 整齐的树列具有很强的导向性，摄影：黄亮

图5-13 整齐的树列既界定了空间，引导了视线，又遮蔽了背后杂乱的建筑，摄影：许健宇

图5-14 绿色的树列为单调的街道增添了活力，摄影：黄亮

图5-13

图5-14

图5-15

图5-16

图5-15 爬满绿色和开花植物的墙体成为景观中的一道美丽的风景，摄影：孙少婧

图5-16 覆盖草坪的斜坡屋顶充满质感，摄影：黄亮

图5-17 爬满绿色植物的藤架成为空间的焦点，摄影：孙少婧

图5-17

一般情况下，绿化墙体的绿化面积较窄，周围多为建筑用地，且人为活动频繁，所以选择的植物一般要求耐贫瘠、耐干旱、耐水湿，对阳光高度适应且以浅根性植物为佳。

三、植物作为景观中的顶棚

景观中的顶棚具有多种形式，可以是天空，可以是建筑小品（亭、廊、棚架），也可以由植物组成，成为绿色的顶棚。单株的或成丛的树木创造了一个荫蔽的空间，就形成了景观中绿色的顶棚，为游人创造了荫凉的空间环境。景观空间的体量和对游人情绪的影响是随着顶棚的变化而改变的。

景观中的顶棚形式在自然与人工之间交替变换，能赋予景观多样的空间变化，赋予游人丰富的心理感受。

1. 小树林

小树林一般指人工种植或自然生长的树丛，它通常是由同种或不同种的植物规则或不规则地组合在一起，顶部枝叶交叉，就成为绿色的天棚。小树林既是相对封闭的围合空间，也是地面与天空交汇的场所，既允许部分阳光穿透，又能看到些许蓝天（图5-18和图5-19）。在古代，小树林经常被认为是神秘或充满智慧的地方。

2. 棚架

棚架是由缠绕在格子上或其他构筑物上的植物形成的，它既可以独立存在，也可能依附在主体建筑上。棚架具有多种功能，它既是一处能遮风挡雨的荫凉私密的空间，也是景观中的"绿色客厅"，可以举办活动或展览等。它还具有提示入口空间的作用（图5-20）。有的棚架还是一种展示藤本植物、雕塑或为进行露天餐饮提供完美场地的建筑结构（图5-21）。

图5-18，图5-19 树冠是最自然的顶棚形式，摄影：黄亮

图5-20 绿色的棚架，提示着空间的转化，起到入口的作用

图5-21 简洁的棚架充分展示了藤本植物之美，摄影：许健宇

图5-18

图5-19

图5-20

图5-21

第二节　景观植物营造空间结构

室外环境中可用来划分空间的实体元素有很多，诸如地形、植物、构筑物等，它们在塑造空间方面往往都起着一定的作用。单就植物在塑造空间上的机能而言，它就像是建筑物的地面、天花板、墙面、窗和门等空间构成元素，但"植物的建造机能"并非一定要将植物局限于机械的、人工的环境中，而是让植物在自然环境中同样能成功地发挥它的建造机能。

一、植物营造空间

空间界定或空间感的定义是指由地平面、垂直面以及顶平面单独或共同组合成的具有实质性的或暗示性的范围。植物可以用于空间中的任何一个平面，在地平面以及不同高度均可以用不同种类的地被植物或矮小灌木来暗示空间边界。如草地和地被植物的接界虽不具实质的视觉阻隔效果，但却暗示着空间范围的不同。

植物也能影响垂直面的空间感。首先，树干如同直立于外部空间中的支柱，它们多是以暗示的方式，而不是以实体限制着空间。其空间封闭感随树干的高度、疏密度以及种植形式而不同。即使在冬天，无叶的枝桠也能暗示空间的界限。其次，植物枝叶的疏密也会影响空间的封闭感。落叶林的封闭性随季节的变化而不同。夏季，浓密树叶的树丛能形成一个闭合的空间，从而给人内向的隔离感；相反，冬季的落叶林由于其视线的可穿透性而使人有空旷遥远的感觉。

植物同样能改变空间的顶平面。植物的枝叶犹如室外空间的顶棚，限制了抬头望天的视线并影响垂直面的尺度。当树木的树冠相互重叠时，其顶面的封闭感最强烈。此外，季节和枝叶的密度也是"天花板"品质的重要影响因子。

室外环境中，空间的三个面以各种方式变化组合，可形成各种不同的空间形式。但不论何种情况，空间的封闭度与围合植物的高矮、株距、枝叶的密度以及视野的远近相关。在运用植物材料创造室外空间时，与利用其他设计元素一样，设计师应首先明确空间性质和设计目的及设计准则，选取及组织适宜的树种，才能达到预期的空间品质。

1. 开放空间

开放空间仅用低矮的灌木和地被植物作为空间限定的要素，形成一个四周开敞、外向、无私密性的空间，完全暴露在天空及太阳下面（图5-22和图5-23）。

2. 半开放空间

在开敞空间的一侧或多侧的部分用较高的植物进行封闭，限制了视线的穿透，即形成半开放空间。此空间的品质与开放空间相似，不过开放度

图5-22

图5-23

图5-24

图5-22 低矮的灌木只是起到界定空间的作用，摄影：许健宇

图5-23 由低矮的灌木、地被植物、构架共同组成了一个富有趣味的空间，摄影：张宇

图5-24 由较高的绿篱围合成相对封闭、安静的空间，摄影：孙少婧

较低，其方位指向封闭性较差一面，也就是视线会向较开放的空间延伸（图5-24）。

3. 篷盖空间

利用具有浓密树冠的树木，构成顶部覆盖而四周开敞的空间，其为夹在树冠和地面间的空间，人们能穿行或站立于树干之中。由于光线只能由树冠的枝叶空隙及侧面穿透而入，因此此空间在夏季显得阴暗，而冬季落叶后就显得明亮、开敞。这类空间只有一个水平要素限定，人的视线和行动不受限定，但有一定的隐蔽感和覆盖感（图5-25）。另一种类似于此种空间的是"隧道式"（绿色走廊）空间，沿着路两旁的树荫造成管道的效果。例如道路两旁林荫树的布置增强了道路直线前进的运动感，使我们的注意力集中在路的前方（图5-26）。

4. 封闭的篷盖空间

这类空间除具备覆盖空间的特点外，其垂直面也是封闭的，四周由低矮可接近的植物所封闭。此种空间形态常见于森林中，是完全封闭的、无

图5-25

图5-26

图5-25 炎炎夏日，高大的乔木所形成的林荫广场为停车场带来绿意，摄影：韦静

图5-26 绿意盎然的园路

方向性的独立空间，具有极强的隐蔽性和隔离感，令人感觉与周围环境隔离（图5-27和图5-28）。

5. 垂直空间

运用高而细的植物或把树冠修剪成窄形的遮阴树可构成一个直立、朝天开敞的垂直空间（图5-29和图5-30）。这类空间只有上面是开敞的，引导人将视线投向空中，令人翘首仰望。此空间垂直感的强弱，取决于四周开敞的程度。并且最好是利用圆锥形树的特性，使越高的空间越宽广，与树形正好成对比。

植物除了具有自身能在景观中构成空间的作用外，还具有与其他景观要素一起共同构成空间的功能。植物材料可用以强调或消弭地形的空间变化。如果将植物植于凸地形或山脊上，便能明显地增加地形凸起部分的高度，随之增强相邻凹地或谷地的空间封闭感；相反，谷地植树会减缓原来的地形空间。

图5-27，图5-28 由乔灌木组成的复层结构的空间具有很强的封闭性，其空间的方向性主要由穿越其间的小路来指向，摄影：李兴伟、黄亮

图5-27

图5-28

图5-29

图5-30

二、植物营造空间的手法

1. 空间限定

  景观中的空间是利用水平层次的边界来界定的，这种界定边界的元素要足够多才能比较清晰地界定空间（图5-31）。城市中的空间多数由树和建筑围合而成。当一排树将两栋建筑联系起来时，这两种元素就共同构建了一条边界（图5-32）。当四条这样的边界围合出一片区域时，就形成了一个空间。当在空间中加入某些元素时，就赋予了这个空间一定的功能，得到一个交往的场所。室外空间中，如果要使这个空间的形态更加鲜明，具有较高的可识别性，就需要在边界的转折处、转弯处作清晰的处理，使这些地方的边界是连续的，细节上是均衡协调的。不管是成组的植物还是单株的大树，均可作为空间分隔或连接的元素。同样，空间的闭合边界也不会因为不同形态的元素的出现而被打断。植物就像一扇扇门、一堵堵墙，引导或阻止游人进出或穿越一个个空间。此外，也可以利用植物来强调或遮掩人们在走道上的视线，起到引导的作用。

图5-29 美国长木花园中，修剪整形的树木围合着具有法国古典园林风格的喷泉花园，成为花园里宁静私密的一角，摄影：孙少婧

图5-30 整形的树篱将人的视线引向空中，令人翘首仰望，摄影：黄亮

图5-31 由植物围合出一个相对安静的私密空间，摄影：俞庆生

图5-32 树与建筑共同构筑了空间的边界。摄影：许健宇

图5-31

图5-32

2. 空间组织

景观设计其实就是景观空间的组织。只有当空间和平面的结构形态非常清晰时，参观者才能领会设计者的意图，室外空间的功能才能很好地体现出来。对于一个室外空间而言，其结构若比较清晰，就意味着其空间的组织上很好地利用植物创造了前景、中景、背景，并且很好地处理了观赏距离的变化与植物大小、色彩、质地之间的变化关系。前景是观赏的重点，要想突出空间的特点，需要前景植物有比较鲜明的外形和色彩（图5-33）。中景树形成空间比例关系。背景树是空间围合的界线，并承担着统一整个花园的重担（图5-34）。

将空间范围内不同功能、不同设计手法的区域联系起来，组成有序的空间序列也是空间组织的一种表现。植物还可修饰建筑物所造成的空间。对于被建筑物划分的零散的空间，可以利用植物材料来联系，运用线型密植的植物可将分散的建筑物有机地连接在一起，在视觉上造成连续的、完整的围合空间（图5-35）。同时，对于建筑物所界定围合出的空间也可利用植物材料进行二次划分，分成许多小空间。

图5-33 修剪整齐的树块构成花园的主景，摄影：许健宇

图5-34 形态各异的灌木统一在悬铃木的树荫下，构成和谐的画面，摄影：许健宇

图5-35 树丛将分散的两栋建筑有机地联系在一起，摄影：许健宇

图5-33

图5-34

图5-35

3. 遮蔽视线

在景观空间的设计中，可以通过种植植物对参观者视线进行控制和引导，来创建"无形"的空间。具体就是在一个空间的四周种树以遮挡视线的通过，也即将其空间由周围环境中独立出来。这种遮挡是选择性的，允许活动无阻地通过。空间的遮蔽度与观赏点的视野、观赏距离、不良物的高度、地形的变化均有密切的关系，这些影响因素都会影响植物的种植位置和配置方式（图5-36和图5-37）。

三、植物创造空间景点

植物设计的魅力是无穷的，植物本身就非常有趣。植物拥有出色的形态、神秘的气味、美丽的色彩、独特的纹理，可以在视觉、嗅觉、触觉和听觉等多方面给予人们美的感受。无论是一棵树还是一丛林，均可以营造优美的景观，作为观赏的焦点。

1. 主景

在景观设计中，主景通常位于重要的节点位置，是观赏的焦点。主景的体量通常比较大，游人观赏主景时，应具有一定的观赏距离。主景可以是建筑，也可以是由植物材料组成的。当主景为植物材料时，就需要大型的植栽组合。在较多的植物组成的植栽组合里，单株植物都必须服从这个整体，这个组合才能有较好的完整性（图5-38和图5-39）。

图5-36，图5-37 帕欣广场，利用高大的乔木遮蔽周边的建筑，围合出一个相对独立的广场空间，摄影：许健宇

图5-38，图5-39 园林植物可成为景观空间的主景，摄影：王晨

图5-36

图5-37

图5-38

图5-39

2. 植栽小品

植栽小品通常作为重要空间的点缀，常布置于入口两侧、广场草坪边缘等明显易见的地方。植栽小品一般是由3~5种植物通过精心的布置成为一个具有趣味的组合。如入口处的植栽小品一般比较简洁，形态或颜色鲜明，并具有一定的导向性，同时又有足够的细部设计来吸引游人的注意力，一般以地栽、活花钵的形态出现（图5-40和图5-41）。

3. 绿色剧场

绿色剧场是意大利文艺时期发明的，它是由整形植物围合出的开放空间，可用来作为戏剧、音乐会、各种学校仪式、故事会等活动的场地。在现代，绿色剧场通常是集会、演出等各种活动和游戏的场所。它提供了一个以蓝天为顶，绿树为墙的自然的公共场所（图5-42和图5-43）。

4. 植物迷宫

它是由矮篱和错综复杂的道路系统组成的，是景观中具有特色的景点。迷宫具有古老的历史，它不仅能给大人和小孩带来寻找目标、发现目标的惊喜，而且还具有很多形状及尺度的变化，其迂回曲折的形态能够引发人们的思考（图5-44）。

图5-40 明亮的花卉与形态活泼的花钵相结合，给入口增添了几分活力和趣味，摄影：俞庆生

图5-41 简洁的时令花卉组成的植栽小品，使入口简单而不失精致，摄影：孙少婧

图5-42 绿树为墙，为表演者提供了一个半围合的舞台，摄影：孙少婧

图5-43 树荫台地提供了一个充满趣味的观赏空间。

图5-40

图5-41

图5-42

图5-43

图5-44

图5-44 由牡丹花台组成的趣味迷宫，摄影：刘世华

5. 孤植树

孤植树是由单株的乔木或灌木种植于景观的关键部位，成为视线的焦点。它能将游人的视线集中到它所在的位置上，具有控制空间的作用。孤植树必须具有特殊的形态、颜色、规格或肌理，而且在一年四季中均具有观赏性。具有特殊形态的常绿成年树是孤植树的首选之一。但在一些小空间中，小型的观赏性树木或大型的灌木也可以成为视线的焦点，例如红枫、鸡爪槭、桂花等（图5-45和图5-46）。

6. 植物整形

植物整形指通过修剪造型，将植物培养成特殊形态的技艺。灌木可以被修剪成绿篱、圆球、金字塔等几何形状，作为某一区域的边界或特殊造型的雕塑，起到装饰空间或令人感到愉悦的作用（图5-47和图5-48）。修

图5-45，图5-46 孤植树成为空间的观赏焦点，摄影：张宇、孙少婧

图5-45

图5-46

图5-48

图5-47

图5-47，图5-48 造型植物成为空间的主景，
摄影：孙少婧

剪的灌木还能在建筑物与自然环境之间起到很好的过渡作用，并为更多的小品、构筑物、植物提供背景。黄杨、圆柏、冬青等都是很好的修剪造型材料。

7. 专类园

在公园中使用一个小型的封闭空间作为专类园，可形成一处具有特殊功能或具有特色的小空间。常见的有月季园、牡丹园、草本植物园、药用植物园、蔬菜园、岩石园等（图5-49和图5-50）。

图5-49 美国华盛顿植物园中的月季园，摄影：孙少婧

图5-50 英国邱园中的岩石园，摄影：孙少婧

图5-49

图5-50

第六章
景观植物的色彩设计

在植物景观设计中，色彩是最易识别的视觉元素之一。植物的色彩千变万化，植物的绿色具有各种色调，花、果、枝干等也五颜六色，给灰色调的城市增添了亮点（图6-1）。

图6-1

图6-1 植物的色彩使道路的入口得到了强调，
摄影：孙少婧

第一节　景观植物的色彩

大千世界各种各样的植物均有不同的色彩外观，它们通过其叶、花、果、枝干等各器官表现出来，而且每种植物又随着季节的变化而变化，使每个季节都有独特的色彩效果。

一、叶色

叶的颜色是植株色彩中最为突出的元素，因为植物95%的外表都被叶所覆盖，而且绝大多数植物的叶色为绿色，但又有深浅、明暗的差异，甚至还有些植物的叶色会随着季节的变化而变化。根据叶色可将植物分为春色叶、秋色叶、常色叶和斑色叶四种。

1. 春色叶植物

许多植物在春季展叶时呈现黄绿或嫩红、嫩紫等娇嫩的叶色，对于这种在春季新发的嫩芽有显著不同叶色的，统称为"春色叶树"，例如臭椿、五角枫的春叶呈红色，鸡爪槭呈嫩黄色，黄连木呈紫红色。有些常绿植物的新叶初展时也会出现异色叶，犹如开花般效果，如香樟、石楠（图6-2和图6-3）。

2. 秋色叶植物

叶子的颜色在秋季会发生显著变化的树种，称为秋色叶树。秋色叶树是景观中表达季节变化的重要素材。秋色叶中呈红色或红紫色的植物有枫香、地锦、五角枫、鸡爪槭、乌桕、盐肤木、柿树等，呈黄色的植物有银杏、栾树、水杉、悬铃木、金钱松、落叶松等（图6-4和图6-5）。

3. 常色叶植物

有些植物的叶色终年为一色，称为常色叶树。常色叶植物通常用于图案造型和营造稳定的植物景观。常见的全年树冠呈红色的有红枫、红桑、

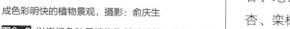

图6-2 由石楠、红花继木、瓜子黄杨、大叶黄杨形成色彩明快的植物景观，摄影：俞庆生

图6-3 以嫩绿色叶子植物为基础种植，使红枫的叶色更加凸显，摄影：李心仪

图6-4，图6-5 秋色叶植物为萧条的秋季带来一抹亮色，摄影：孙少婧

图6-2

图6-3

图6-4

图6-5

小叶红、红栏木，全年树冠呈紫色的有紫叶小檗、紫叶李、紫叶桃、紫叶矮樱、紫叶黄栌等，全年叶均为金黄色的有金叶鸡爪槭、金叶女贞、金叶圆柏等，全年叶均有斑驳彩纹的有金心黄杨、银边黄杨、变叶木等（图6-6和图6-7）。

4. 斑色叶植物

斑色叶植物是指绿色的叶片上具有斑点或条纹，或叶缘出现异色镶边的植物。常见的有金边女贞、金边黄杨、洒金柏、洒金珊瑚、银边吊兰等。还有红瑞木、胡颓子、银白杨等叶背与叶面的颜色具有显著差异的双色叶植物（图6-8和图6-9）。

二、花色

植物的花朵除了形状和大小的差异外，色彩也是千差万别的。这些复杂的变化形成了不同的观赏效果，它是大自然赐给人类最美的礼物。如春季的白玉兰，一树白花，亭亭玉立；夏季的石榴，色红似火；秋季的桂花，色黄如金；严冬的梅花，冰清玉洁。根据花色大致可将植物分类如下。

图6-6，图6-7 在绿丛中种植常色叶植物，其常成为视线的焦点，摄影：孙少婧

图6-8，图6-9 双色叶植物为绿色的树丛增添了靓丽的色彩，让人眼前一亮，摄影：黄亮

图6-6

图6-7

图6-8

图6-9

红色系花：海棠、桃、杏、梅、樱花、玫瑰、月季、蔷薇、海棠等（图6-10和图6-11）。

黄色系花：迎春、连翘、金钟花、黄木香、金丝桃、金丝梅、腊梅、黄蝉、黄花夹竹桃、黄刺玫等（图6-12和图6-13）。

蓝色系列：紫藤、紫丁香、木槿、泡桐、八仙花、假连翘、蓝花盈等（图6-14和图6-15）。

图6-10，图6-11 粉红色的木芙蓉、桃花

图6-12，图6-13 黄色系花卉植物

图6-14，图6-15 紫花植物

图6-10

图6-11

图6-12

图6-13

图6-14

图6-15

白色系花：茉莉花、栀子花、玉兰、白兰、绣线菊、白花夹竹桃、珍珠梅、白花溲疏、荚蒾、白丁香、白碧桃、白蔷薇等（图6-16和图6-17）。

三、果色

硕果累累、色彩艳丽是秋季景观的一个真实写照，同时也说明植物果实的色彩观赏性极高。如苏州拙政园的琵琶园，其果实呈金黄色，每当果实成熟时，呈现出一片金黄色调，很是动人。植物果实颜色以红色居多，如火棘、山楂、南天竹、珊瑚树、石榴树、樱桃、枸骨、金银木、平枝荀子、冬青等，黄色的有杏、金橘、南蛇藤、柚、橙子、柿子、木瓜、沙棘、枇杷等，蓝色的有紫珠、葡萄、十大功劳、李、女贞等，黑色的有红瑞木、常春藤、金银花等（图6-18和图6-19）。

四、干色

树干色彩也极具观赏价值，尤其在深秋落叶后，枝干的颜色更为醒目。如享有"林中少女"美称的白桦，以其洁白的枝干，挺拔的树形，为冬季的北方增添了不少色彩。植物树干的颜色通常为褐色，极少植物的树干拥有鲜明的色彩。如拥有红褐色枝干的杉木、红色枝干的红瑞木、暗紫色枝干的紫竹、绿色枝干的早园竹、白色枝干的自桦等均可用于营造亮丽的景观（图6-20和图6-21）。

图6-16 白碧桃
图6-17 开白花的藤本植物
图6-18，图6-19 果色之美

图6-16

图6-17

图6-18

图6-19

图6-20

图6-21

图6-20, 图6-21 亮色的树干提亮了树丛的颜色，
摄影: 韦静

第二节 色彩的性质与表现

在自然界中，植物的色彩丰富，季相变化明显，利用植物的色彩进行造景设计时，首先必须了解各种色彩的性质和表现机能。只有遵循基本的艺术原理，才能达到理想的色彩综合效果，创造出各种优美的景观。

一、色彩的性质

1. 色彩的性质

色相、明度、彩度是人们认识和区别色彩的重要依据，也是色彩最基本的性质，在色彩学上也称为色彩的三要素或色彩的三属性。

色相是色彩特征。所谓色相指的是色彩的相貌，是指位于可视光谱里不同位置的红、橙、黄等具有不同特征的色彩。

色彩的第二个性质是明度，也就是明暗程度。每一种色彩都有自己特有的明度。黄色明度最高，蓝色明度最低。红色亮度适中但与橙色相比则亮度略暗。明度会因为黑色与白色的加入而发生变化。明度高指色彩灰阶里白色含量高，明度低指色彩灰阶里黑色含量高。

色彩的第三个性质是饱和度，也称纯度、彩度。一般来说，饱和度越高，颜色的浓度就越高，颜色中的灰色成分也就越低。而且，高饱和度的色彩通常显得更加艳丽丰满，给人明亮、活泼的感觉；相反，低饱和度则给人稳定的感觉。

2. 色彩的机能

不同的色彩给人的心理感受是不一样的，色彩对人的心理效应主要表现在以下几个方面。

空间感：色彩的空间感指色彩给人以比实际距离前进或后退、比实际大小膨胀或缩小的感觉。色彩的空间感与色相、纯度有关。暖色给人以前进膨胀的感觉，冷色给人以后退收缩的感觉。同一色相，明度高的色彩给人以前进膨胀的感觉，明度低的色彩给人后退收缩的感觉。

温度感：色彩的温度是人的生理、心理及色彩本身的综合因素所决定的。红、橙、黄三种颜色能使人们联想起火光、阳光的颜色，给人以温暖、热闹的感觉（图6-22）。而蓝色和青色是冷色系，特别是对夜色、阴影的联想更增加了其冷的感觉。紫与绿属中性色，对观赏者不会产生疲劳感，相反，红色极具注目性，应用过多易使人疲劳。

重量感：决定色彩轻重感的主要因素是明度。明度高的色彩重量感轻，反之则重。例如青色较黄色重，而白色的重量感较灰色轻。从色相方面讲，暖色系的色彩如黄、橙、红给人的感觉轻，冷色系的蓝、蓝绿、蓝紫给人的感觉重（图6-23）。

方向感：橙色系色相可以给人一种较强烈的向外散射的方向感，而青色系色相可以使人产生向心收缩的宁静感。白色及明色调呈散射的方向感，暗色的方向感较弱。而同一色相饱和度高的方向感强，饱和度低的方向感弱，互为补色的两个色相组合在一起时，向外散射的方向感最强（图6-24）。

图6-22 明亮的黄色给空间增添了几分暖意，摄影：孙少婧

图6-22

图6-23

图6-24

图6-23 紫色花卉使空间稳重而不失妩媚，摄影：刘世华

图6-24 热情奔放的橙色具有强烈的扩张感，摄影：孙少婧

二、色彩的表现

人对色彩的感觉总是存在于知觉之中的，单独的一种色彩是不存在的，色彩都是依附于环境而存在的，色彩之间的搭配使得环境丰富多彩。关于色彩的搭配主要表现在色彩对比和色彩调和上，其也是色彩的两大基本理论。

1. 色彩对比

当两种或两种以上的色彩并置时，两种色彩会产生相互影响，比较其差别及其互相间的关系，即产生对比效果，两种色彩相互排斥、相互衬托。位于色轮上相对位置的两种颜色互为补色，它们之间的对比度最强。补色可以突出彼此的色彩效果和色彩饱和度。红色在绿色的陪衬下显得尤其鲜艳，蓝色在橙色背景下及黄色在紫色背景下也是如此，反之亦然（图6-25）。色彩的对比不单单是色彩色相的对比，还包括色彩在构图中的面积、形状、位置、肌理和纯度、明度以及心理刺激的差别构成色彩之间的对比（图6-26）。这种差别愈大，对比效果就愈明显，缩小或减弱这种对比效果，差别就越小。

图6-25 红色与绿色的对比，给人明快的视觉感受，摄影：孙少婧

图6-26 黄色与紫色的对比，摄影：孙少婧

图6-25

图6-26

2. 色彩调和

当两种或两种以上的色彩搭配组合时，为了达成一项共同的表现目的，使色彩关系组合调整成一种有序、和谐、统一、连贯的视觉效果的色彩搭配称为色彩调和。色彩调和与色彩对比从表面上看其目的和方法是两个相反的过程，但实际上是色彩关系配合中辩证的两个方面，是从不同的角度对同一事物的解析。色彩的调和是相对色彩的对比而言的，没有对比就无所谓调和，两者既相互排斥又相互依存、相辅相成。不过色彩的对比是绝对的，因为两种以上色彩在配色中，总会在色相、明度、饱和度、面积、形状、肌理等方面或多或少地有所差别，这种差别必然会导致不同程度的对比。过分对比的配色需要加强共性来进行调和，过分暧昧的配色则需要加强对比来进行调和。色彩的调和包括两种类型：即同一调和、类似调和。同一调和以色彩的三要素为出发点，包括同色相调、同明度调和、同饱和度调和。类似色是指在色轮上，一般位于相邻位置，并且其中一种颜色包含了另一种颜色的成分，如红与橙，橙与黄，黄与绿，绿与蓝，蓝与紫以及紫与红。类似色之间因为具有较多相同的因素，所以具有较强的协调统一效果（图6-27和图6-28）。

图6-27 以紫色为主体的类似色的搭配，摄影：孙少婧

图6-27

图6-28

图6-28 红色、橙色、紫红色的协调搭配，摄影：孙少婧

第三节　景观植物色彩设计的方法

不管是两种还是几种色彩搭配在一起，色彩必须互相呼应，才能达到和谐统一的效果。在景观植物设计中，设计师必须了解植株的季相变化，参考色彩搭配理论，选择适当的植物，才能创造出色调更为和谐的赏心悦目的景观。

一、加法原则

利用加法要注意在植物设计的初始就要确定一个色彩的主题或一种基调，在这种基础上，选择合适的植物逐步地增加色彩的色相、明度、饱和度，使其有统一的视觉观感。只有在总体上达到和谐统一，才可以进行局部的变化与对比。这种统一中求变化、变化中求统一的空间和谐方法，可避免出现影响视觉效果的强对比或无序。如当我们要在一个和谐的环境中使用色彩时，我们可以从这个环境中选出一种颜色，然后采用与该颜色最接近的渐变色即可，不管是往暖调子走还是往冷调子走，均可取得比较协调的效果（图6-29和图6-30）。

二、运用对比

色彩对比不仅能够让绿化区显得更活泼，还能够强化色彩效果。色彩相间越大，对比也越强烈，而且往往更能引起人们的注视。对比色适用于花坛，在出入口用类似的手法可吸引游人驻足观赏。在运用对比色植物时，不单单要关注植物和植物之间的色彩搭配，还要注意周边的环境色对其的影响。

最强烈的色彩对比是通过位于色轮上处于相对位置的颜色（补色）的协调搭配来实现的。双色协调即红与绿、橙与蓝、黄与紫的对比（图6-31和图6-32）。三色系即红、黄、蓝三色以及橙、绿、紫三色的对比。如果在大环境中运用得当，会取得明快、悦目的艺术效果。如在广场周边运用紫叶小檗或红花继木与金叶女贞、小叶黄杨组成整齐的色带，具有强烈的视觉冲击力，可活跃广场的气氛；在草坪上种植贴梗海棠、红色的榆叶梅、碧桃、红枫、红叶李等色叶植物，或是紫色矮牵牛与黄色金盏菊组合的花坛，都会收到强烈的对比效果。

色彩对比效果还可以在同一个花圃中实现。彼此位置相对并且分别只有一种颜色的两个花圃之间也可以产生强烈的对比效果。

三、运用类似

类似色（如红、橙、黄）植物布置景观的背景，有协调和融合的效果（图6-33和图6-34）。这种协调并不意味着呆板或单调。它不仅可以在远观

图6-29 在以紫色和红色花卉为主的花坛中片植黄色花卉，使花坛显得格外明快，摄影：孙少婧

图6-30 在暖色调的花坛中加入紫叶芭蕉，使花坛更具有厚重感，摄影：孙少婧

图6-31 红色与绿色的对比，使入口的形象非常鲜明，摄影：马欣

图6-32 紫色与黄色的对比，具有很强的视觉冲击力，摄影：孙少婧

图6-33

图6-34

图6-33 红色系的相互协调，摄影：孙少婧

图6-34 黄色系的相互协调，摄影：黄亮

中创造出和谐的整体感，还能使人在近观中感受个体、种类等细节上的不同。运用类似色配置植物，不仅在色彩上要协调，植物的品种、数量也必须协调均衡。色彩纯度低的植物要想压倒色彩纯度高的植物，就必须在数量上超过后者。如用桃花、贴梗海棠、榆叶梅、迎春、连翘、黄刺玫、金银花等丛植，虽然它们都属于类似色，但在花期上、个体形态上、质感上这些植物都相互弥补，形成整体感较强的植物景观序列，具有协调的色彩景观美。

色彩的协调不仅是花的颜色要彼此和谐，花和周围叶片的颜色（基色）也要取得协调。

四、运用白色

白色是冷与暖之间的过渡色，其明度高，常给人以纯洁、清新、明快、简洁的感觉（图6-35）。它与任何其他颜色搭配都不会出现问题，而且还

图6-35

图6-35 白色花卉给人纯洁、清新、明快、简洁的感觉，摄影：孙少婧

可以衬托出所有其他的颜色。把白花植物或含有杂色（白边、白斑）叶片的植物种在深绿色的针叶树前或是在阴影区内时，会形成很好的明暗对比效果，并且能够提亮暗淡的空间氛围，这与把白色竖杆的桦树种在深色沉闷的背景前所得到的效果是一样的。

　　同样道理，多色组合会让人感到杂乱而失去调和，此时插入白色即可以达到协调的作用，重新达到和谐。植物景观设计中，白色花卉对植物色彩的调和起到重要的作用。白色花卉和冷色或暖色花卉混植不会改变其原来的色感。如紫色的矮牵牛色调偏暗，植入白色花卉色调即可使之明快起来；又如黄色万寿菊与蓝紫色三色堇配植对比强烈，在三色堇中混入白花花卉可使对比缓和而趋向于协调（图6-36）。

图6-36 橙色与白色的组合，清新、明快，摄影：王芳

第四节　景观植物色彩设计——不同氛围主题的植物配置

一、宁静、平和氛围

　　冷色系是营造宁静、平和氛围最好的色彩。在花园里一般配置大量的蓝色和其他含有蓝色的冷色系植物最大限度地创造出宁静协调感。花园里的种植通常都会包含大量的绿色，而且绿色几乎和蓝色一样具有使人安静的效果，同时可以作为花卉的背景色（图6-37）。当营造主色调为蓝色的植物景观时，为了避免色彩过于单调，可以使用一些蓝色的调和色来丰富主题效果，如蓝紫色、淡紫色、亮紫色、蓝粉色、白色、淡黄色和银色（图6-38）。而且一定要避免使用一些比较鲜亮的颜色，如橙色、鲜红色，不然会破坏整体的氛围。

　　要创造宁静、平和的主题花园，除了植物颜色上要选用冷色调外，还可以利用植物或篱笆的围合，创造一种与外界隔离的感觉。也可以在花园中引入喷泉或流水的声音，加强这种令人沉思的效果。

图6-37 绿色为主的背景，点缀白色的花卉，非常宁静、清新，摄影：俞庆生

图6-38 淡紫色的花卉围合出清新淡雅的悠闲环境，摄影：俞庆生

图6-37

图6-38

二、生动、兴奋氛围

　　鲜艳的红色、橙色和黄色植物是创造生动、兴奋花园必不可少的材料，将它们配置在一起，能产生一种无与伦比的热情、兴奋的效果。而且将这些颜色配置在一起，相互间还可以衬托得更为浓艳（图6-39）。需要注意的是，要避免把这些热情的暖色调与蓝色基调的植物相毗邻，因为它们充满活力，与冷色调植物景观并置时，对比会更加强烈，会更彰显自身，而冲淡对方。配置暖色调种植时，还有一点很重要的是，要平衡色彩和叶片的搭配，因为红花还需绿叶衬。配置中的主要颜色必须有与之体量相当的叶片来平衡。其中，有些植物的叶片大而具有光泽，同时其形状和质感也丰富多变，从而增加了植物在少花季节的观赏趣味（图6-40）。不论何种类型的植物景观设计，都必须充分利用植物的大小、形状、质感等来营造丰富的景观。在营造生动、兴奋氛围为主题的设计中，其目的是使景观总体看上去由丰富的色彩交织而成，这点尤其重要（图6-41）。

图6-39 以绿色树木为背景，配置各种红色系花卉，形成一种浓烈、兴奋的入口景观，摄影：孙少婧

图6-39

图6-40

图6-41

三、细腻、精致氛围

细腻、精致主题的花园一般是指选用少量的植物或选用植株个体比较纤细、色彩淡雅的植物，通过精心的配置，产生细致而温和的效果。封闭狭小的空间内造景，宜采用这种处理手法。其空间的视觉焦点相对比较单一，单株植物都可能成为视觉的焦点，所以在选择植物上，对植株的姿态、大小、叶色、花色、质地均要求比较高。如日本五针松、小叶杜英的姿态优美，叶色独特，均可以成为空间的视觉焦点。

营造细腻、精致主题的方法有两种。一种方法是以绿色为主调，可显现出细腻的氛围。在植物的选择上注重植物的叶形、质感以及叶子本身的色彩，如蕨类植物的应用，塑造出精美的景观氛围（图6-42）。另一种方法是精心选择出花园中的一些区域种植色彩柔和的草花，如浅蓝色、蓝粉色、紫色、米色和淡黄色，这些色彩的和谐组合，能够营造出宜人的林地花园景观（图6-43和图6-44）。

图6-40 以红色、粉色、黄色花卉为主的花坛，配置适量的异形叶，使入口景观热情而独具风格，摄影：韦静

图6-41 多种暖色调交织在一起，点缀适量的绿色和紫色，使中心花坛的色彩丰富、生动，摄影：孙少婧

图6-42

图6-42 以异形叶为主，配以白色小花，精致、细腻，摄影：韦静

图6-43

图6-44

图6-43 粉紫色小花与黄色小花的搭配，精致、淡雅，摄影：孙少婧

图6-44 以绿色为基调，多种颜色花卉的自然搭配，随意而不乏精致，摄影：刘鑫

四、高雅、深沉氛围

高雅的花园是相对于自然风格而言。它受古典主义风格的影响，有着简洁、匀称的直线构图形式，非常注重景观要素的品质和整体的有机感。整个花园以绿色为主色调，植物的色彩和种类非常有限，鲜亮的颜色只是偶尔出现。在植物种植方面不太注重植物的层次感。这种风格花园的植物景观设计十分注重对植物个体的选择，通常选用一些外形特异，终年可赏的种类，如剑兰、朱蕉、八角金盘等，其叶有很强的形式感，适合在极简主义风格花园里布置（图6-45和图6-46）。竹子也是简约风格花园里常用的一种植物材料，常将小型竹子栽于种植钵中，显得简约而富有创意。

图6-45，图6-46 以绿色异形叶植物为主的花园，形成一种幽静、雅致的氛围，摄影：韦静

图6-45

图6-46

第七章
景观植物在环境中的应用

第一节　景观植物与建筑的设计

优秀的建筑犹如一曲凝固的音乐，给人带来艺术的享受，但由于其位置和体型固定，终究缺乏生气。植物体是有生命的活体，具有自然的美。无生命的建筑物与有生命的植物相结合，能使建筑物与植物互为因借，相得益彰。

一、植物种植对景观建筑的作用

1. 使景观建筑主体更突出

植物的种植能使景观建筑的主题和意境更加突出。依据建筑的性质、意境和主题进行配置，能使建筑的主题更加突出。例如杭州的"曲院风荷"这个景点，配合蜿蜒曲折的庭院种植大量的荷花，体现"曲院风荷"这个主题（图7-1）。又如北京颐和园昆明湖边上一半岛，上有"知春亭"这一景点，周边种植垂柳，以体现"知春"（图7-2）。

2. 协调建筑与周边环境的关系

植物是建筑空间向自然环境过渡的最好媒介（图7-3和图7-4）。当构筑物因造型、尺寸、颜色等与周边自然环境不相称时，可以通过种植植物

图7-1 杭州的"曲院风荷"这个景点利用荷花突出景点韵意，图片来源：百度图片

图7-2 颐和园的"知春亭"，利用早春发芽的柳树暗示着春天的到来，图片来源：百度图片

图7-3，图7-4 植物是建筑与建筑、建筑与环境之间和谐过渡的媒介，摄影：王晨、李琴

图7-1

图7-2

图7-3

图7-4

来缓解或消除这种矛盾。如高耸的建筑纪念塔、纪念碑等形象比较突兀，在其周边种植尖塔形、圆锥形的树木，能缓解其与周边环境的关系，又能突出自身的建筑形象。

3. 丰富建筑物的艺术构图

植物能够软化建筑的硬质线条，打破建筑物的生硬感觉，丰富建筑物的构图。建筑物的外轮廓一般比较清晰，线条平直，棱角分明，而植物的枝干则婀娜多姿，用植物柔美、曲折的线条装饰建筑物平直、生硬的线条，可使建筑物的形象更加丰富多彩（图7-5和图7-6）。

4. 赋予建筑物以时间和空间的季节感

植物是最具变化的物质要素。植物在一年中呈现春花、夏叶、秋实、冬眠的变化，四季鲜明。植物在一生中有幼年、青年、中年、老年的变化，

图7-5

图7-6

图7-5 植物作为建筑的背景，与建筑的颜色和形象形成巨大的反差，很好地突出了建筑小品，摄影：巩蕾

图7-6 植物使建筑直白的立面产生光影的变化，富有层次感

在形态上表现出占据空间大小的变化。利用多变的植物，适当配置在建筑周围，赋予一成不变的建筑时间和空间的变化（图7-7和图7-8）。

5. 完善建筑物的功能

通过植物的种植，可以完善建筑的功能，如建筑旁植一株形态特别的植物可起到标示的作用；厕所旁需用植物来遮蔽；座椅旁需用植物来遮阴；公园的入口需用植物来围合，形成一个港湾式的入口，起到导游的作用（图7-9和图7-10）。

二、建筑环境的基础种植设计

1. 建筑入口的植物设计

入口是空间的重要标志。它不仅是空间的起始点，是"内"与"外"空间的划分界限，更是表现空间形象的重要部位。植物造景可以提高入口的醒目度（图7-11和图7-12）。在入口处进行植物设计，首先要满足入口的功能要求，不要影响人流与车流的正常通行。另外入口的绿化要能反映

图7-7，图7-8 植物四季的生长变化赋予建筑时间感和空间感

图7-9 植物标识了建筑入口空间及界线并提供遮阴

图7-10 高大的银杏树是建筑户外空间的标志，并为建筑提供户外的遮阴空间

图7-7

图7-8

图7-9

图7-10

图7-11

图7-12

图7-11 小巧的植物形成恰当的比例，入口显得精致
亲切，摄影：俞庆生

图7-12 竹子与园洞门的搭配清新淡雅，摄影：孙
少婧

出建筑的性质，并且视线、采光、通风都俱佳。植物的设计应顺应这样的要求，进行景观改良，使入口的功能更加明确。如宾馆门前常用一些花卉植物来突出入口的形象，并表达轻松和愉快感，使人有宾至如归之感。

建筑的主入口一般位于道路的尽端开阔处或转角处等显要位置。植物配置一般选择植株高大、体型优美、色彩鲜明或芳香类的植物，来突出入口的效果。配植时要求简洁大方，一般采用对称或自由式种植方式。用对称式可表现端庄大方，用自由式则比较活泼，有动态感。如一些大型的气氛严肃的出入口，常采用对称的种植或采用模纹图案来突出入口庄严的效果（图7-13）；而公园的大门往往采用自由的种植方式，配植特色的花灌木，作为识别的标示。次入口相对较小，通常处于不显眼的位置，人流相对也较少而相对固定，植物的选择宜选择小型、精致的植物，营造亲切的组团景观，以便近距离观赏。

其次，入口的植物设计要充分利用门的造型，结合园路、山石等景观要素进行艺术的构图，形成有机的画面。同时，可以利用门的框景作用，组织门内外的景观，形成有序的景观序列。

2. 墙恒和角隅的植物设计

（1）墙基

墙基的植物设计是墙基生硬的边界与地面自然和谐过渡的重要手段，并使建筑获得一种稳定的基础感。植物可根据墙基的色彩和质感进行选择。当墙基的色彩浓艳、质地粗糙时，最好选用以纯净的绿色为主的质地细致的植物，与之形成和谐的对比（图7-14）；当墙基的颜色为灰色或暗色，质地中性时，可选用的植物范围较广，可选用彩色植物，也可以选用纯绿色植物（图7-15）。植物的种植上多采用自然式种植方式，植物由高到低，层次分明（图7-16）。如紧邻墙基种植珊瑚树，依次种植栀子花、茶梅、麦冬，形成地面到墙面的自然过渡。有时为了营造整洁明亮的色彩效果，也可采用修剪整齐的色叶植物来美化墙基（图7-17），如深绿色的大叶黄

图7-13

图7-13 由花钵组成的对称的入口种植形式，庄重而
亲切，摄影：许健宇

图7-14

图7-15

图7-16

图7-14 高低错落的植物为平直的墙角增添了不少趣味，摄影：丁一宁

图7-15 黄色的花卉给深色的建筑增添了几分活力，摄影：孙少婧

图7-16 高高低低的植物配置，很好地衔接了建筑与地面，摄影：许健宇

杨、暗红色的红花继木、黄绿色的金叶女贞、淡绿色的小叶黄杨，组成清晰的彩带。也可以沿墙基砌筑花台，种植各季的开花植物或时令花卉，形式灵活多样（图7-18）。

墙基的植物设计要避免使用相同的植物材料和种植方式环绕建筑一周，以免造成呆板、单调的感觉，而要根据墙基的位置、朝向、主次而有所变化。在统一的基础上，局部增加特色植物如桂花、红枫等或球状植物如海桐球、紫叶小檗球等，加强变化，活跃氛围。在墙基的植物配植方面要注意，在离墙基3米以内不要种植高大的深根性乔木，以免破坏墙基的稳定性。

（2）墙面

墙面是建筑的主要组成部分，也是建筑与室外环境接触最多的面。墙面的绿化不仅可以改善墙体的外观，防止墙面大量裸露造成的生硬感，同

图7-17

图7-18

图7-17 绿色的绿篱与建筑的窗户相得益彰，仿佛绿篱是建筑的基础，摄影：孙少婧

图7-18 花台式的墙基种植方式，使植物与建筑更为贴近，摄影：孙少婧

图7-19 洁白的墙面上攀附着绿色的植物，犹如一幅抽象画，摄影：许健宇

图7-20 种类丰富的攀援植物为单调的建筑墙面增添了色彩，丰富了建筑的肌理，摄影：孙少婧

时还可以改善墙面的冷热程度。

墙面绿化时首先要对墙面的情况进行评估。如果墙面本身具有较强的美感度，那么墙面绿化就只需要适当地点缀一下。反之，则可以用绿化来装饰墙面（图7-19~图7-22）。装饰的方式主要有两种，一种是种植依附于墙面的爬藤植物，一种是在墙边植树。爬藤植物依附于建筑墙壁占地极少，但可绿化的面积却很大。可选择速生的、病虫害较少的、耐贫瘠的爬藤植物进行绿化，如五叶地锦、炮仗花、凌霄、铁线莲、花旗藤、木香等。爬藤植物不但可以美化墙面，还可以降低墙面的温度，据资料表明，夏天爬满地锦的墙面比裸露的墙面表面温度低2~4℃。墙边植树要根据墙体的朝向选择常绿或落叶的植物。如果墙面是南北朝向的，可以选择常绿或落叶的植物，因为植物的遮蔽对其墙面的冷暖度影响不大；如果是东西向的墙面，则可以选择落叶的植物，以保证墙面夏季的遮阴和冬季的日晒。

图7-19

图7-20

图7-21

图7-22

（3）角隅

建筑的角隅一般比较生硬，通过植物配植可起到软化和装饰的作用。角隅的植物配植要根据角隅墙的高度、色彩、形式以及空间的性质等来选择植物种类和配置方式。如果是以遮阴为主的角隅，一般选择以高大的乔木为主，配以其他的花灌木作为乔木的基础种植；如果是以遮蔽为主的角隅，一般选择常绿的植物如海桐、大叶黄杨、冬青等修剪成密植的绿篱进行遮挡（图7-23~图7-25）。

图7-21 植物赋予建筑墙面四季的变化和肌理，摄影：马欣

图7-22 植物所形成的墙面与光滑的玻璃墙面形成鲜明的对比，丰富了建筑的形象，摄影：潘云

3. 屋顶花园

顾名思义，在屋顶上营造的花园称屋顶花园。屋顶花园不仅可以改善环境的空气质量，营造景观，增添情趣，还可以改善屋顶的性能，保护屋顶的防水层和隔热层，延长屋顶的寿命（图7-26~图7-28）。屋顶花园的设计涉及的内容很多，不但可以作为单独的一块地块进行设计，要求功能相对完善，而且要解决一系列的技术问题，最主要是要解决两个问题——

图7-23 植物软化了建筑的角隅，并为单调的墙面增添了几分色彩，摄影：张佳康

图7-24 常绿的灌木丛软化了建筑的角隅，起到建筑与地形自然过渡的作用，摄影：孙少婧

图7-23

图7-24

图7-25 粉墙、竖石栽草、红枫、芭蕉营造出细腻的场景，摄影：李羿葶

图7-26，图7-27 深圳翠海花园架空层花园设计效果图。以低矮的、浅根性植物为主，在承重柱上种植高大的乔木，形成高低错落的景观

图7-28 屋顶种植使建筑与自然有机融合，摄影：孙少婧

承重和排水。在设计屋顶花园之前，首先要了解屋顶的承载力，根据承载力合理安排排水系统，确定种植土的厚度，一般种植层的厚度在30~40厘米。屋顶具有风大、土层薄、水分蒸发快、光照时间长等特点，因此屋顶花园的种植需选择易成活的、耐贫瘠的、浅根性的、阳性的植物，按照一般的小游园的性质进行设计。通常为了掩饰屋顶墙角生硬的线条，一般沿墙体周围种植茂密的矮生常绿植物（图7-29）。有时为了营造庭荫效果，也可在承重柱上种植高大的乔木，形成高低错落的景观。

图7-29

图7-29 利用植物软化墙体生硬的线条，摄影：韦静

第二节　景观植物与园路的设计

园路是公园绿地的重要组成部分之一，是景观的脉络，是联系各景区、景点的纽带，起着交通导游的作用。园路一般包括主干道、次干道和游步道等。园路的布局通常自然、灵活，又富有变化，园路的植物配置根据园路的设计意图及功能而设置，常用乔木、灌木、地被植物、草皮等多层次地结合，构成具有一定情趣的景观。

一、园路植物种植设计的要点

1. 引导性

园路设计的特点就在于不仅要能预见目的地而且还要能直达目的地。园路是最自然的引导方式，园路植物的种植可以加强园路的序列感，赋予园路鲜明的特征，也会使园路更具有趣味。园路上的植物还可以用作路标、地标或是空间界限的标识，例如用于划定道路与草地的边界。对于园路而言，灌木、独树、木本植物群以及大规格的树都可以起到视觉引导的作用，还能勾勒顶点，强化道路的走向，尤其是成排的树在远处就可以指示出方向（图7-30和图7-31）。

2. 配置焦点景观

一般来说，园路的植物种植要有一定的规律可循，以保证能够有统一的视觉效果，但也要避免呆板，通常在道路的重点位置需要重点设计，以形成焦点和变化。园路的出入口、交叉口和转弯处是道路的重要点，通常需着重处理。

（1）园路的出入口

园路是景区与景区之间的连接纽带，园路的出入口通常是景区的出入

图7-30，图7-31 富有气势的树列直指道路前进的
方向，摄影：黄亮、韦静

口。园路出入口的布置形式不宜过于分散，宜采用集中简洁的布置，常采
用对称的布局方式，或利用花卉植物结合山石形成特色的出入口形式，有
时也可采用复层混交的形式，形成层次由前往后递增的半围合入口空间。
植物宜选择形态优美、观赏性强的景观树种，如鸡爪槭、红枫、桂花、杜
英等（图7-32和图7-33）。

（2）园路的交叉口与转弯处

园路的交叉口或转弯处的植物设计需要强调变化，植物常选择与路边
树种在外观上有较大差异的品种，配以小品点缀；或者在色彩上加以强调，
种植色彩明快的花灌木（图7-34）。在以绿色为主调的园路中，也可以考
虑选择色叶植物，如紫叶小檗、红花继木、金叶女贞、洒金珊瑚等，以色
彩独特吸引目光（图7-35）。如交叉口或转弯处光线较暗，则可种植黄色
调的灌木或开黄花的植物，以便增加亮度上的变化。

图7-32 毛泡桐组成的树池入口，传递着热烈而亲切
的空间信息，摄影：黄亮
图7-33 三角槭与竹子形成简洁明了、方向感强的入
口，摄影：张佳康

3. 留出透景线

园路的植物种植主要是沿园路布置成一条连续的绿带，并且利用植物组织周边空间的景色，形成很好的前景、中景、背景各个层次（图7-36）。对于周边的不良景观可以通过密植植物进行遮挡，在有景可观时要恰当地留出透景线，以方便借景、框景、夹景，形成多种景观趣味（图7-37）。

4. 利用构图法则

（1）对比与协调

对比手法是最主要的植物设计原则之一。园路的种植可以利用两侧植物的大小、颜色、质感等的不同进行对比，通过制造矛盾冲突和吸引力来唤起人们的兴趣，例如在开满鲜花的草坪上穿过一条修剪整齐的小路就是一个简单的例子。对比会让差异变得更加明显，但也需要讲究协调。过多的强烈对比会让人们感觉疲倦，而太过相似或者不够清晰的对比则会显得枯燥无比。设计要结合园路的功能与周边环境进行，在相对安静的环境中采用逐渐过渡的手法来处理植物的高度和色彩变化，可突出对比的均衡性（图7-38和图7-39）。

> **图7-34** 色彩鲜艳的花卉，暗示着道路交叉口的存在，摄影：黄亮
>
> **图7-35** 交叉口处配置鸡爪槭与红花继木，与周边植物在形态和色彩上形成差异，提示着道路的分叉，摄影：李兴伟

> **图7-36** 以鸢尾为前景，岛上的银杏为中景，结合对岸的植物组成一幅富有层次的画面，摄影：孙少婧
>
> **图7-37** 利用植物框景形成的景观效果，摄影：张渊慈

图7-38

图7-39

图7-38 道路双面置石的均衡布局，两侧植物在数量、体量和色彩上的对比与均衡，摄影：李羿葶

图7-39 道路单面种植，在高处密植，低处开阔，形成很强的视觉对比，突显水面的开阔，摄影：李羿葶

（2）节奏与韵律

要想园路形成一定的秩序和结构，重复使用相同或者相似的植物品种及植物搭配就会显得非常必要。节奏的形成是通过有规律的重复典型的植物元素来实现的（图7-40，图7-41）。例如一株桧柏间种一株海棠就会产生一种节奏，开花时节一高一低，一红一绿，构成形态与色彩波浪式的韵律。在较长的通道上种植有特色的植物品种，植物就会赋予这个空间鲜明的特色，并会因此形成一个主题，如临水的步道多以柳树为骨架，间种桃花、金钟花等，形成鲜明的主题韵律。

（3）层次与背景

园路的设计要注意植物的层次搭配，展现植物优美的立体构图。园路上多以地被、灌木、乔木自由组合形成高高低低、富有层次的景观

图7-40 花卉植物与常绿植物、色叶植物交替种植，形成明快的节奏，摄影：孙少婧

图7-41 芒草与花卉植物的搭配，开花时一高一低，一红一绿，摄影：邹婧

图7-40

图7-41

（图7-42和图7-43）。一般来说，前景树是人们观赏的主要对象，多以色彩丰富或质感细腻的地被或矮小灌木为主，如狗牙花、龙船花等；中景树形成空间的比例关系，通常根据园路的宽窄来选择灌木的高度，一般较窄的园路可选红花继木、小叶黄杨、紫叶小檗等为中景树，较宽的园路可选桂花、石楠、海桐等较大型的灌木为中景树；背景树构成了园路空间的边界，而且背景树还承担着为整个园路空间创造统一性的作用。若想要突出空间效果、形态复杂的前景绿化，通常需要搭配一个相对简洁的背景。背景绿化通常具有两个功能：一是衬底功能；二是界定空间边界并与周边环境取得协调，并在视觉上连成一片。

5. 注意季相变化

　　园路的季相设计在景观中十分重要。园路联系各个景区，是游人通行的主要通道，园路的季相变化能够带来强烈的自然生态美感。在园路的植物配置时，要注意植物在各个季节的形态特征，使各植物之间相互补充，四季有景，形成春花、夏荫、秋实、冬枝的具有鲜明季节特征的植物景观（图7-44和图7-45）。

图7-42 花灌木在常绿植物的背景衬托下更显艳丽，摄影：孙少婧

图7-43 以杜鹃为前景，小叶黄杨和红花继木为中景，常绿的乔木为背景，形成富有层次的空间围合，摄影：李东遥

图7-44，图7-45 能够展现四季景色的园路种植，摄影：潘云、李兴伟

图7-42

图7-43

图7-44

图7-45

二、园路的植物种植设计

1. 主干道的植物配置

主干道是绿地道路系统的骨干，联系着各个景区景点，它既可通车，也是人行的主要通道。主干道的宽度通常为4～6米，两侧要求充分绿化，其树种的选择一般不能完全按照行道树功能要求，而要兼顾观赏效果。树种的选择一般应以乡土树种为主，兼顾特色，选择主干优美、树冠浓密、高低适度的乔木，如樟树、泡桐、枫杨、白蜡、元宝枫、乌桕、无患子、合欢、青铜、楸树、鹅掌楸等（图7-46和图7-47）。

园路的种植可以选择以一个树种为主或多种树种的组合方式。同一树种或以同一树种为主的园路，容易形成一定的气氛和风格或体现某一季节的特色。而在自然式的园路旁，如果只用一种树种会略显单调，不易形成丰富的路景。树种种类的多少，根据园路的宽窄、性质、地位而定。一般园路不长的情况下，其树种的种类通常不宜多于三种，并且要有一种主要树种。园路较长的情况下，一般不宜只选一种树种，可以分段布置不同的树种。

2. 次干道、游步道的植物配置

次干道、游步道的宽度通常较窄，常在1.5～3米之间。由于其空间较小，植物与观赏者之间的距离较近，植物多选择开花的灌木或小乔木以获得宜人的体量关系（图7-48和图7-49）。植物配置上常选用丰富多彩的植物群落配置，也可以以一种植物为主，突出某个树种或季节的特色，如北京颐和园后山的连翘路、山桃路、山杏路等。次干道、游步道的植物种植有时需要较高的种植密度以达到幽静的效果，则需要在其两侧种植较高、较密的树丛为背景。

3. 特色路径的植物景观

（1）山林野趣

山地或密林是营造山林野趣的最佳场所，可顺应地形在林中开辟路径组织游览。林中之路径越窄，坡度越陡，两侧的树木越高，则路径的自然

图7-46 樟树和悬铃木大道，摄影：吴宇峰

图7-47 自然种植的园路，朴素自然，摄影：韦静

图7-46

图7-47

图7-48

图7-49

趣味越浓。在布置或选择自然路径时，必须注意以下几点。

　　a. 路径边上的植物宜选择树姿自然、高大挺拔的大乔木，如樟树、油松、枫杨等，切忌采用整形的树种，林下可种植低矮的地被植物，少用灌木，以加强路径的宽高比，形成幽闭的密林山径。

　　b. 路径边上的植物要有一定的密度和厚度，形成一种光线阴暗、视线隐透的幽静环境，使人如入山林之中（图7-50）。

　　c. 路径要有一定的长度和曲度，形成曲径通幽的效果，并且在路径设置时要有意识地与山石、溪流、谷地等相结合，增加路径的自然气息。

　　d. 路径还要有一定的坡度，起伏变化的坡度有利于增强"山"的感觉。在坡度变化不大的地方可采用局部抬高或降低的方式来加强坡度的变化（图7-51）。

图7-48 简洁的种植，突出植物的形体美，摄影：黄亮

图7-49 多种植物装点的次干道，富于变化之美

图7-50 浓郁的树林、幽暗的光线体现山林之幽静，摄影：李羿葶

图7-51 模拟山路的小径几乎可以以假乱真，摄影：孙少婧

图7-50

图7-51

（2）竹径

竹子是中国园林里面重要的植物素材。竹子终年常绿，枝叶雅致，形态优美流畅，颇具动感，给人一种宁静、幽深的感觉（图7-52）。竹子的种类很多，高的有毛竹，其高可达30米，矮的有箬竹，其高大约为30~50厘米。从竹子的生长形态上看，有散生竹、丛生竹、混生竹等。竹子的特点是四季常青，体态优美，叶型纤细，表现出一种高雅、宁静的气质。

竹林中开辟小径是景观设计中常用的手法，竹径就是其中的一种。径旁栽竹可形成不同的意境和情趣。古典园林中常在小径旁植竹以分割空间，增加景观的含蓄性，又以柔美流畅的动感，引发游人探幽访胜的心情，这一点在现代景观设计中依然适用。为营造曲折、幽静、深邃的意境，竹径的平曲线和竖曲线应力求变化，从而迂回地扩展和丰富园林的有限空间，但要注意避免过度曲折，矫揉造作。同时竹子应密植成林，有一定的厚度，也可搭配1~2株高大阔叶树，加大庇荫，增加幽暗的感觉。对于较长的竹径，为避免产生单调的感觉，可用宿根花卉对竹径镶边，丰富竹林景观的色彩构图，或在林间点缀一两株花灌木，如红枫、桂花等，增添竹林小径的季相景观。竹子种类、高度的选择宜与竹径的路宽相对应，通常宽路径应选用高大竹种，如毛竹、斑竹、麻竹、慈竹、早园竹、梁山慈竹等；窄路竹径常用中小型竹种，如孝顺竹、青皮竹、苦竹、紫竹、琴丝竹等。

（3）花径

花径在景观中是具有特殊趣味的。它以花姿和花色造成一种缤纷的环境，给游人以艺术享受，特别是盛花时期，这种感染力就更为强烈（图7-53和图7-54）。由开花的乔木或大灌木组成的花径，如泡桐、白玉兰、合欢、樱花、紫玉兰、梅花、紫微等，树冠覆盖整个路径上空，花径之意

图7-52

图7-52 清新、幽静的竹林小径，图片来源：百度图片

境油然而生。而由低矮的灌木所构成的花径，如鸢尾、紫荆、金丝梅、杜鹃、红花继木等，可构成花团锦簇的视觉效果。总之，构成花径的植物需选择花形优美、色泽鲜艳、有香味并具有较长花期的植物。种植时需要相对密植，并最好种植绿色的背景植物。

图7-53

图7-54

图7-53，图7-54 繁花似锦的花径，摄影：孙少婧

第三节　景观植物与水体的设计

　　水是景观艺术中不可缺少、最富魅力的一种要素，有着不可替代的作用。水体景观也在人们生活中出现得日渐频繁，其通常借助植物等其他景观要素来丰富水体的景观。水中、水旁植物的姿态、色彩、所形成的倒影，均加强了水体的美感。

一、景观植物与水体

1. 水的特性

（1）水的延伸性

　　大的水体水面散漫，浩瀚缥缈，给人无限延展的感觉。水体及周边植物的配置应延续这种延伸感，层层叠叠，遮遮掩掩，虚虚实实，延长景深，仿佛水面无限延展（图7-55）。同时，也可通过植物夹景来限定视线的延伸方向，拉长视距，再加上周边景点的点缀、植物的掩映、驳岸的处理，造成水域无边无际的感觉。大尺度水域的植物种植要注意植物的层次和虚实变化，注意植物种类的变化和颜色的搭配，切忌使用同种植物并沿水岸行列种植，这样会造成植物林缘线和林冠线生硬、呆板，色彩单一，所形成的空间封闭单调，反而使水面越发显小。

　　小水体尺度宜人，给人亲切的感觉。植物的配置以形成丰富的近景为主，注重关注植物的色彩、姿态、组合以及植物本身的寓意，形成小巧幽静的水景（图7-56）。尤其要注意应用植物处理小尺度水景的水口和水尾，形成遮掩、虚实的感觉，否则会觉得是死水一潭。

（2）水的动静

　　水的动静是相对的，主要取决于它周边的容器及其周围的景物。湖、池、塘等水面平缓宁静；小河、溪流流畅欢愉，形成叮咚清响的动态水景；

图7-55 通过植物的遮掩，丰富了水面的层次，打破了水面的单调，摄影：韦静

图7-56 自由的小水域因植物及小品的点缀而显得活泼亲切，摄影：俞庆生

图7-55 　　　　图7-56

瀑布、喷泉、跌水，急流喷涌，与周边静态的背景形成鲜明的动静对比（图7-57和图7-58）。

　　水的动静也与天气状况有关。风平浪静时，湖面光洁如镜，阵阵微风引起的涟漪给湖光山色的倒影增添了动感。大风掀起的激波使倒影支离破碎，产生凌乱的视觉效果。

　　（3）水中的倒影

　　水边的景观植物及其倒影，加强了水体的美感，并使景物一变为二，增加了景深，扩大了空间感（图7-59）。倒影还能把远近错落的景物组合到"同一张画面"上，如远处的山和近处的建筑、树木组合在一起，其倒影就犹如一幅秀丽的山水画（图7-60）。水中倒影是由岸边景物生成的，故水边的景物一定要精心布置，以获得良好的光影效果。倒影形成的画面感由于视角不同，岸边的景物与水面的距离、角度和周围环境的不同而不同。岸边的景物设计，要与水面的方位、大小及其周围的环境同时考虑，才能取得理想的效果。如果水面较大，连绵的植物配置就非常有必要，尤其是富有季相变化的植物背景在水中会呈现出丰富的影像。亭台等构筑物

图7-57 飞溅的跌水给入口增添了热闹的氛围，摄影：俞庆生

图7-58 叠水为幽静的空间增添了几分活力，摄影：俞庆生

图7-59 植物的倒影为单调的水面增加了层次，扩大了空间感，摄影：王松

图7-60 植物丰富的造型和微妙的色彩以及退让的建筑在平静的水面上形成如画般的风景，摄影：吴宇峰

图7-57

图7-58

图7-59

图7-60

图7-61

图7-62

图7-61，图7-62 利用植物围合一个统一的水面及周边空间

或颜色鲜亮的植物，在背景的衬托下往往起到提神点睛的作用。如果在小水面中，背景应向后退让，倒影占水面1/3即可，以免倒影占满水面造成压抑。小水面周边的植物配置以近距离观赏为主，注重植物的形态、色彩、简繁的对比，倒影会显得更加明快清晰，层次丰富。

2. 水边植物配置要点

（1）整体景观意象

无论是何种形态的水景，都需要有整体、统一的景观意象。水边的植物配置在植物树种的选择上应确定骨干树种或有统一基调的树种，以形成基本的空间框架和色彩基调（图7-61和图7-62）。水体的形态多以二维平面为主，色彩也比较单一。水边的植物配置不宜平行于水体边缘等距离布置，而要有远有近，有密有疏，或紧临水际，或远离池岸，或伸入水中，形成错落有致、凹凸相间的林缘线，使水面空间与周围环境融合成一体。在植物的立面构图上，应选择高矮不同的植物进行搭配，形成高低错落、富有变化的轮廓线，并与水面的水平景观形成对比。

（2）局部景观意象

不论是大水面还是小水面，其周边的植物配置都需要有近距离观赏的局部景观意象。这个局部景观意象通常包括两个方面的内容，一是植物本身的姿态或意境美；二是植物之间或植物与水之间形成的景观意境（图7-63和图7-64）。如垂柳拂水、丹桂飘香、芙蓉冷艳寒江。局部景观意象需要预留观景的地方，可以通过借景、框景、夹景等手法，利用树干、树冠形成画面。也可以结合园路设计，根据园路的走向适当留出透景线，表现出忽明忽暗、若即若离的水景园情趣。

（3）色彩的搭配

水的颜色基本为淡绿色，与植物的绿色是相协调的。但相似的景观会显得比较平淡、含糊，因此需要有少量的对比色如植物的干、叶、花等来起到点睛的作用，有时也可在岸边构筑构筑物，通过构筑物来起到点缀的作用。如在以松、柏为背景的植物群落中，春季可突出红色的杜鹃、黄色的棣棠、金钟花等，夏季可观赏水中的红、白睡莲，秋季可观赏红色的红枫、黄色鸡爪槭等，或可以构筑轻盈、亮色的构筑物起到醒目的作用（图7-65和图7-66）。

图7-63 多种植物刻画的曲折水岸，细腻而有韵味，摄影：张逸昊

图7-64 多种水生、湿生植物刻画出一条富有野趣的水景景象，摄影：黄亮

图7-63

图7-64

图7-65

图7-66

图7-65，图7-66 红枫、杜鹃花、金色的建筑均起

到点景的作用，摄影：黄亮、刘珺懿

图7-67 密植的睡莲增添了湖面的层次感

二、各部分水体的植物景观设计

1. 水面的植物配置

景观中的水面通常包括湖面和水池池面等。其流动性较小，大小不一，形状各异，既有自然式的，也有规则式的。水面具有开阔空间的效果，特别是面积较大的水面常给人以舒畅的感觉。这种水面上的植物种植模式应以营造水生植物群落景观为主，主要考虑远观，植物配置注重整体、连续的效果。水生植物应用主要以量取胜，给人以一种壮观的视觉感受。有时还通过配植浮水植物、漂浮植物以及适宜的挺水植物形成优美的水面景观，分割水面空间，增加景深。水面植物配植要与水边景观呼应，注意植物与水面面积的比例以及所选植物在形态、质感上的和谐，一般至少留出2/3的水面面积供欣赏倒影（图7-67）。

图7-67

图7-68 水生植物为生硬的水池增加了生机与色彩，摄影：孙少婧

图7-69 植物使人工池塘亲切、自然，几乎可以以假乱真，摄影：韦静

　　小型水池的植物配置以形成完整精致的植物景观为主，主要考虑近观效果，注重植物单体的效果，对植物的姿态、色彩、高度有更高的要求，适合细细品味（图7-68）。水生植物的配置以"精"取胜，水面上的浮水植物与挺水植物的比例要保持恰当，否则易产生水体面积缩小的不良视觉效果。因此，将水生植物占水体面积的比例控制在不超过1/3是比较适合的。

　　对于人工溪流而言，其宽度通常较窄，也比较浅，一眼即可见底。此类水体的宽窄、深浅是植物配置应该重点考虑的一个因素。一般选择株高较低的水生植物与之协调，且体量不宜过大，种类不宜过多，只起点缀的作用。一般以菖蒲、再力花等，3～5株一丛点缀于水中块石旁，清新秀气，雅致宁静。或与岸边植物相互映衬，在水面上形成清晰的倒影，增加水体的层次，将溪流与植被融为一体（图7-69）。对于完全硬质池底的人工溪流，水生植物种植一般采用盆栽形式来美化水体。

2. 水缘植物的配置

水体边缘是水面和堤岸的分界线，是硬质向软质的过渡，也是软质向硬质的过渡，它能够使堤岸与水融为一体，扩展水面的空间。其景观主要由湿生植物和挺水植物组成，不同的植物以其形态和线条打破平直的水面，一般宜选择浅水植物，如菖蒲、水葱、芦苇等。在水体周围，如要营造开阔的视觉景观，一般配置低矮的水生植物，以低于腰部为宜，且多以观花植物为主，如唐菖蒲、鸢尾等；如水体周围有茂密的树林，在配合树林营造浓密的效果时，可选用较高的水生植物，如芦苇、灯芯草等（图7-70和图7-71）。在搭配时要注意不同植物叶色及花色的组合效果，通过植物色彩组合，分别表达热烈、宁静、开朗、内敛等情绪。

3. 驳岸的植物配置

驳岸植物配置应从造景的目的和用途出发，配置具有相应功能的植物。规则式驳岸整齐而坚固，游人在岸边能够比较随意地活动，但由于其结构性的原因使其线条显得有些生硬，此时，以适当的植物配置柔化其线条而弥补其不足就显得尤为重要（图7-72和图7-73）。植物的配置上应有起伏

图7-70，图7-71 树林与水生植物形成的浓密的效果，摄影：王芳

图7-72，图7-73 植物打破驳岸坚硬、平直的线条，赋予岸边以变化的曲线美，摄影：黄亮

图7-70

图7-71

图7-72

图7-73

图7-74

图7-75

图7-76

变化的林冠线和林缘线，从对岸观望才能产生雄伟、浑厚的表现力，也可借助湖边小山高度的变化丰富岸边林冠的变化。非规则性驳岸的植物配植，应结合道路、地形、岸线布局进行设计。非规则性驳岸一般自然蜿蜒，线条优美，因此植物配植应以自然种植为宜，忌等距栽植，忌整形修剪，以自然姿态为主（图7-74）。结合地形和环境，配植应该有近有远，有疏有密，有断有续，有高有低，使沿岸景致自然有趣。在构图上，注意应用枝干探向水面的水边大乔木，可以用于衬托水面植物景观并形成优美的水中倒影，起到增加水面层次和增添野趣的作用。

图7-74 石岸配合错落的植物景观赋予水体进深感

图7-75 小桥结合植物景观，不仅起到分割水面、丰富水面层次的作用，也是处理水口、水尾的有效手段，摄影：韦静

图7-76 树丛结合景墙圆洞，使得水仿佛从院墙外源源不断地流进，摄影：韦静

4. 水口、水尾的植物配置

水景设计中，特别要注意对水口、水尾的处理，切忌水出无源和一潭死水，这是促使水体流动，保持卫生的先决条件，也是使水变"活"的重要环节。不管是真的还是假的源头和尽头，通常都要在水口、水尾部位进行遮掩，或种植或加以小桥隔断，形成含合，似水流不尽之意（图7-75和图7-76）。水口、水尾的尺度一般较小，常配置低矮的灌木或水生植物单独成景，有时也与置石、建筑小品等组成合景。避暑山庄的"水心榭"实际上是在水闸的位置上建立的，配以植物遮掩，既遮挡了水闸的丑陋又形成好似水源的水口，是形成水口的又一方法。

第四节　景观植物与地形的设计

一、地形在景观植物设计中的作用

1. 地形作为植物的骨架和依托

地形是植物景观的依托和底界面，也是整个景观的骨架，以其富有变化的地貌，使植物景观在水平和垂直方向上都富有变化，形成起伏有致、变化丰富的林缘线、林冠线（图7-77）。

2. 地形结合植物形成阻挡和引导

地形的高低起伏、凹凸变化形成不同的形状，可以产生"挡"与"引"不同的视觉效果，形成连续或封闭的景观，前提是必须达到一定的体量和高度（图7-78）。若现状地形不具备这一条件，则需结合植物创造条件。

3. 地形结合植物作为基底

自然是最好的景观，植物的配置应把地形作为设计的基底，结合自然地形、地势地貌，体现乡土风貌和地表特征，做到顺应自然、返璞归真、和谐统一（图7-79）。

4. 地形结合植物创造小气候条件

地形的高低起伏可以很好地阻挡风的吹袭，减弱风速，形成小环境。若把地形与植物相结合，可以更加突出界面的高度和空间的围合感，小气候的创造效果则更明显（图7-80）。同时，起伏的地形有利于绿地内的排水，可防止地面积涝，有利于植物的生长（图7-81）。利用地形还可以增加城市的绿地量。

图7-77 地形是景观的构架，变化的地形赋予景观以多变的空间及起伏的林冠线，摄影：孙少婧

图7-78 起伏的地形使空间若隐若现，激发人们探秘的兴趣，摄影：孙少婧

图7-77

图7-78

图7-79 原始地形、乡土植物是其景观区别于其他景观的基本元素，摄影：孙少婧

图7-80 高起的土堆可有效阻挡西北风的袭击，摄影：孙少婧

图7-81 起伏的地形有利于组织场地排水，摄影：孙少婧

5. 地形结合植物造景

地形在景观中一般起着基地和骨架的作用，其本身的造景作用并不突出。景观设计中，有时为了发挥地形本身的造景作用，常将地形作为一种设计元素，将地形做成特殊的形体如圆台、梯状体等规则的几何体或相对自由的自然曲面，结合草坪或低矮的整形灌木，将其处理成如同抽象的雕塑一般，与自然景观形成鲜明的对比（图7-82）。

二、地形与植物的配置艺术

地形的高低起伏，增加了空间的层次和变化。在较大的场景设计中，地形除了作为空间的构架，还可以通过适当地塑造微地形营造出更多的层次和空间，达到小中见大、适当造景的效果。

植物与地形的配置，加强了地形的作用。植物与凸地形、凹地形的结

图7-82

合，既可强调地形的高低起伏也可弱化地形的变化。在地势较高处种植高大乔木，在低处栽植低树，加强高低的对比，能够使地势显得更加高耸；高树植于低凹处则可以使地势趋于平缓。在景观设计中，也可将人工地形与植物材料相结合，形成陡峭或平缓的地形，对景观空间层次的塑造起到事半功倍的作用。对于类似的地形空间来说，还可以用不同种类的植物加以配置，形成不同的空间感受，创造出完全不同的空间场景（图7-83和图7-84）。

三、各类山体空间设计

"山得水而活，得草木而华；山籍树而为衣，树籍山而为骨；树不可繁，要见山水之秀丽，山不可乱，顺显树木之光辉。""山有四时之色，春山艳冶而如笑，夏山苍翠而如滴，秋山明净而如洗，冬山惨淡而如睡。"山因为植物才秀美，才有四季不同的景色，植物赋予山体生命和活力。

图7-82 如雕塑般的地形，图片来源：昵图网

图7-83，图7-84 植物加强了地形的变化，摄影：孙少婧

图7-83

图7-84

图7-85

图7-85 土山上密植高大的植物，配置开花植物、色叶植物、常绿植物，使之四季皆景

山按材料可分为土山、石山和石土山。

1. 土山

景观中的土山一般都要用植物加以覆盖，宜种茂密、高大的植物，以创造森林般的景观。在山体高度不高的情况下，为了突出其高度及造型，在山顶、山脊线附近宜种植高大的乔木，山沟、山麓则应选较矮的植物。为了营造较好的远视效果，山顶、山脊线上应种植开花植物或色叶树，如栾树、枫杨、臭椿等。山坡、山沟、山麓的植物配置应强调山体景观的整体性，也可配置开花植物、色叶树、常绿树等，以形成春季山花烂漫、夏季苍翠浓郁、秋季色叶曼舞的效果为佳（图7-85）。

2. 石山

全部用石堆砌的山体叫做石山。古典园林中，石山一般以假山、岸边砌石、入口置石等形态出现，体量较小，常以表现山石本身的形态、质地、色彩及意境作为欣赏的对象。石山上的植物常采用矮小的匍匐形植物，以体现山石之美。如扬州个园的假山，其以不同材质的石材搭配相应的植物材料来表现春、夏、秋、冬四季的主题，可谓精致。春山，用湖石堆叠成花坛，花坛内植竹，并配以石笋；夏山，以湖石与碧水相配，旁植形态飘逸的古松；秋山，以黄石与常绿的松、柏、玉兰相配，形成稳重与厚重的协调；冬山，以宣石堆叠成假山，远看是一片白雪，背后配以常绿的广玉兰，与其形成对比。

置石的配置，常常选择与之形、姿相匹配的植物，形成一幅优美的画卷。与置石相搭配的常见植物种类有：南天竹、箬竹、凤尾竹、芭蕉、十大功劳、金丝桃、扶芳藤、鸢尾、沿阶草、菖蒲、剑兰、散尾葵、鱼尾葵、洒金珊瑚等（图7-86）。

3. 石土山

土山石介于前面两者之间，土多处可配置大树，土少处宜配置灌木或地被植物。植物与山石的搭配，主要以表现山石的形态，增添山石的起伏与野趣为主，山体植物的搭配以模仿自然界乔灌木的交错搭配为主，形成自然的景象，同时能欣赏山石和植物的姿态美（图7-87）。

图7-86

图7-87

图7-86 植物遮掩下更显山之峭，水之深，摄影：孙少婧

图7-87 植物为山石、溪流增添了几分野趣，摄影：孙少婧

附表

附表一：常用行道树一览表

名称	拉丁名	科别	形态	景观特征、习性
银杏	*Ginkgo biloba*	银杏科	伞形	落叶乔木，叶扇形，秋叶黄色，观赏价值高。适作庭荫树、行道树。阳性树，适合微酸土壤。
南洋杉	*Araucaria cunninghamii*	南洋杉科	圆锥形	常绿针叶树，树冠窄圆锥形，姿态优美。阳性，喜暖热气候，不耐寒，喜肥，生长快，再生能力强
毛白杨	*Populus tomentosa*	杨柳科	圆卵形	落叶乔木，树形端正，树干挺直，树皮灰白色。阳性树种，喜温凉气候，抗污染，深根性，速生，寿命较长
榔榆	*Ulmus parvifolia*	榆科	扁球形或卵圆形	落叶或半常绿乔木，树姿潇洒，树皮斑驳，枝叶细密。阳性树种，喜温暖气候，耐干旱瘠薄，深根性，速生，寿命长，抗烟尘毒气，滞气能力强
白兰花	*Michelia alba*	木兰科	卵形	常绿的乔木，高达17米。白兰花株形直立有分枝，落落大方，是南方园林中的骨干树种。阳性树种，忌积水，不耐寒，也怕高温，适合于微酸性土壤
鹅掌楸	*Liriodendron chinense*	木兰科	伞形	落叶大乔木，高达40米。叶大，形似马褂，故有马褂木之称，花大而美丽，花期5～6月，秋季叶色金黄，是珍贵的行道树和庭园观赏树种。喜温暖湿润气候，抗性较强。适宜湿而排水良好的酸性或微酸性土壤

名称	拉丁名	科别	形态	景观特征、习性
樟树	*Cinnamomum camphora*	樟科	广卵形	常绿乔木，高可达50米。冠大荫浓，树姿雄伟，是城市绿化的优良树种。阳性树种，稍耐阴，耐寒性不强，抗性强，能吸收多种有毒气体。
悬铃木	*Platanus acerifolia*	悬铃木科	广卵形	落叶乔木，树形宏伟端正，叶大荫浓，干皮光洁，具有极强的抗烟、抗尘能力，是优良的行道树之一。阳性树，喜温暖气候，较耐寒，耐修剪
合欢	*Albizzia julibrissin*	豆科	伞形	落叶乔木，树姿优美，叶形雅致，花粉红色，6~7月，适作庭院观赏树、行道树。阳性树种，耐寒性略差，耐干旱瘠薄，不耐水涝
国槐	*Sophora japonica*	豆科	圆形	落叶乔木，高达25米。树冠宽广，枝叶繁茂，寿命长又耐城市环境，是良好的行道树和庭荫树。喜光，略耐阴，喜干冷气候，深根性，抗风力强，抗烟尘
栾树	*Koelreuteria paniculata*	无患子科	圆球形	落叶乔木，高达15米。树形端正，枝叶茂密而秀丽，春季嫩叶多为红色，入秋叶色变黄，夏季开花，满树金黄，十分美丽，是理想的观赏树种，宜做庭荫树及行道树。喜光，耐半阴，耐寒，耐旱，耐瘠薄
喜树	*Camptotheca acuminata*	珙桐科	伞形	落叶乔木，高达25~30米。主干通直，树冠宽展，叶荫浓郁，是良好的四旁绿化树种。喜光，稍耐阴，不耐寒，不耐干旱瘠薄，抗病虫能力强
柠檬桉	*Eucalyptus citriodora*	桃金娘科	伞形	常绿大乔木，高达40米。树形高耸，树干洁净，枝叶有芳香，是优良的观赏树和行道树。极端阳性，不耐庇荫，对土壤要求不严

附表二：常用造景树一览表

名称	拉丁名	科别	形态	景观特征、习性
苏铁	*Cycas revoluta*	苏铁科	伞形	常绿棕榈状木本植物，高可达5米，树姿优美，四季常青，常用于盆栽、花坛栽植，作为主景树。喜暖热气候，适宜排水良好的土壤
金钱松	*Pseudolarix kaempferi*	松科	圆锥形	落叶乔木，叶色黄绿，树姿刚劲挺拔。阳性，喜温暖湿润气候，耐寒、抗风
雪松	*Cedrus deodara*	松科	圆锥形	常绿大乔木，树形高大，姿态优美，适合在草坪中孤植、丛植。阳性树种，喜温凉气候，耐寒，喜微酸性土壤
油松	*Pinus tabulaeformis*	松科	伞形或风致形	常绿乔木，树形优雅，挺拔苍劲。强阳性、耐寒，能耐干旱瘠薄土壤，不耐盐碱，深根，寿命长
白皮松	*Pinus bungeana*	松科	阔圆锥形	常绿乔木，树干皮斑驳美观，苍劲奇特。阳性树，喜凉爽气候，不耐湿热，耐干旱，不耐积水和盐土
五针松	*Pinus parviflora*	松科	圆锥形	常绿乔木，针叶苍翠，干苍枝劲，宜与假山石配置成景，或配以牡丹、杜鹃、梅或红枫。阳性，耐阴，抗风性强
水杉	*Metasequoia glyptostroboides*	杉科	塔形	落叶乔木，冠形整齐，树姿优美挺拔，叶色秀丽。适合于堤岸、湖滨、池畔集中成片造林或丛植。阳性树，喜温暖湿润气候，喜酸性土，不耐涝
龙柏	*Sabina chinensis cv.Kaizuca*	柏科	塔形	常绿中乔木，树形优美，枝叶碧绿青翠，生长强健，寿命甚久。喜光但耐阴性强，耐寒、耐热，对土壤的适应性强
罗汉松	*Podocarpus macrophyllus*	罗汉松科	广卵形	常绿乔木，树形优美，具有红色的种托，有较高的观赏价值。半阴性树种，耐寒性弱，抗病虫害、有毒气体性强
垂柳	*Salix babylonica*	杨柳科	倒广卵形	落叶亚乔木，生长繁茂而迅速，树姿美观。适于低湿地，常植于湖岸、池边。阳性树种，喜温暖湿润气候，对毒气体抗性较强

名称	拉丁名	科别	形态	景观特征、习性
枫杨	*Pterocarya stenoptera*	胡桃科	伞形	落叶乔木，树冠宽广，枝叶茂密，生长快，适应性强，耐水湿，适作庭荫树、行道树、护岸树。阳性树种，喜温暖湿润气候，较耐寒，耐湿性强
榕树	*Ficus microcarpa*	桑科	球形	常绿乔木，树形奇特，枝叶繁茂，干及枝有气生根，常作为行道树或庭荫树。喜暖热多雨气候及酸性土壤。生长快，寿命长
白玉兰	*Magnolia denudata*	木兰科	卵形	落叶乔木，花大洁白，花期3～4月，叶前开放。常丛植于草坪或针叶树之前，形成对比。阳性树种，稍耐阴，颇耐寒，忌积水
广玉兰	*Magnolia grandiflora*	木兰科	阔圆锥形	常绿乔木，树形优美，花大白色清香，花期5～8月。宜孤植于宽阔的草坪上或配置成观花的树群。阳性树种，颇耐阴，喜肥沃而排水良好的土壤
鹅掌楸	*Liriodendron chinense*	木兰科	伞形	落叶大乔木，高达40米。叶大，形似马褂，故有马褂木之称，花大而美丽，花期5～6月，秋季叶色金黄，是珍贵的行道树和庭园观赏树种。喜温暖湿润气候，抗性较强。适宜湿而排水良好的酸性或微酸性土壤
日本樱花	*Prunus yedoensis*	蔷薇科	广卵形	落叶乔木，高达16米。花白色至淡粉色，花期4月，是早春良好的观花植物。喜光，较耐寒
凤凰木	*Delonix regia*	豆科	伞形	落叶乔木，高达20米。树冠宽阔，叶形如鸟羽，花大而色艳，花期5～8月，在华南各地多栽作庭荫树及行道树。喜光，不耐寒，移植易成活
楝树	*Melia azedarach*	楝科	伞形	落叶乔木，高达15～20米。树形优美，叶形秀丽，花淡紫色，花期4～5月，宜作为庭荫树及行道树。喜光，不耐庇荫，喜温暖气候，耐寒力不强

名称	拉丁名	科别	形态	景观特征、习性
乌桕	*Sapium sebiferum*	大戟科	圆球形	落叶乔木，高达15米。树冠整齐，叶形秀丽，入秋叶色红艳，常植于水边、池畔、坡谷。喜光，喜温暖气候，稍耐寒，耐水湿，有一定抗风力
五角枫	*Acer mono*	槭树科	伞形	落叶乔木，高达20米。树形优美，叶、果秀丽，秋叶红色或黄色，宜作为庭荫树、行道树。弱阳性，稍耐阴，喜温良湿润气候
鸡爪槭	*Acer palmatum*	槭树科	伞形	落叶小乔木，高达8~13米。树形婆娑，叶形秀丽，秋叶红色。宜植于草坪、土丘、溪边。弱阳性，耐半阴，耐寒性不强
七叶树	*Aesculus chinensis*	七叶树科	卵圆形	落叶乔木，高达25米。树干耸直，树冠开阔，姿态宏伟，叶大而形美，遮阴效果好，最宜栽作庭荫树及行道树。喜光，稍耐阴，喜温暖气候，也能耐寒，喜肥沃而排水良好的土壤
木棉	*Gossampinus malabarica*	木棉科	伞形	落叶大乔木，高达40米。树形高大宏伟，树冠整齐。花红色，早春先叶开花，花期2~3月。常作为庭荫树及行道树，木棉是广州的市花。喜光，喜暖热气候，很不耐寒，较耐干旱
梧桐	*Firmiana simplex*	梧桐科	卵圆形	落叶乔木，高达15~20米。树干端直，叶大而形美，绿荫浓密，是优良的庭院观赏树。喜光，喜温暖湿润气候，耐寒性不强，喜中性或酸性土
珙桐	*Davidia involucrata*	珙桐科	圆锥形	落叶乔木，高达20米。树形高大端整，花苞白色，远观如鸽子栖息树端，为世界著名的珍贵观赏植物。喜半阴或温凉湿润气候，略耐寒，喜酸性或中性土壤
梓树	*Catalpa ovata*	紫葳科	伞形	落叶乔木，树冠宽大，花白色，花期5月。可做庭荫树、行道树及宅旁绿化材料。喜光，稍耐阴，颇耐寒，抗性强

附表三：常用绿篱植物一览表

名称	拉丁名	科别	习性	景观特征及用途
千头柏	*Platycladus orientalis CV. Sieboldii*	柏科	阳性，耐湿耐旱，耐寒，抗盐性强	常绿、矮型紧密灌木，树冠近球形，常修剪成球形或作为绿篱
"矮丛"紫杉（东北红豆杉）	*Taxus cuspidata Var. nana rehd*	红豆杉科	阴性，耐寒	常绿、半球状密纵灌木，可丛植也可作为绿篱，可作为高山园、岩石园材料
日本小檗	*Berberis thumbergii*	小檗科	阳性，耐寒	落叶灌木，小枝通常红褐色有刺，且萌芽力强，耐修剪。浆果，熟时亮红色，9月成熟。是良好的观果、观叶刺篱材料
十大功劳	*Mahonia fortunei*	小檗科	耐阴，喜温暖气候及肥沃土壤	常绿灌木，常植于庭院、林缘及草地边缘，或作绿篱及基础种植
含笑	*Michelia figo*	木兰科	耐阴，不耐寒，喜温暖及酸性土壤	常绿的灌木，花淡黄，香味似香蕉味。可配植于草坪边缘或稀疏林丛之下
海桐	*Pittosporum tobira*	海桐科	喜光，略耐阴，不耐寒。耐修剪	常绿灌木或小乔木，叶色浓绿有光泽，种子红色、美观。通常作为房屋基础种植及绿篱材料，孤植、丛植于草坪边缘
红花檵木	*Loropetalum chinense*	金缕梅科	喜光，稍耐阴，耐寒冷，耐瘠薄，适宜微酸性土壤	常绿灌木，叶色鲜艳，枝盛叶茂，初夏开花，繁密而显著。常丛植于草地、林缘或与山石相配
火棘	*Pyracantha fortuneana*	蔷薇科	喜光，不耐寒，要求土壤排水良好	常绿灌木，花白色，花期5月，果红色，果期9~10月。在庭院中常作为绿篱或基础种植材料，也可丛植或孤植于草地边缘或园路转角处
瓜子黄杨	*Buxus sinica*	黄杨科	喜半阴，喜温暖湿润气候及中性至微酸性土壤	常绿灌木或小乔木，枝叶青翠可爱，可在草坪、庭院孤植、丛植，或作为绿篱及基础种植材料
细叶黄杨	*Buxus bodinieri*	黄杨科	喜光，耐阴，喜温暖湿润气候，耐寒性不强	常绿小灌木，分枝多而密集，叶狭长，耐修剪，是优良的矮绿篱材料，最适宜布置模纹图案及花坛边缘

名称	拉丁名	科别	习性	景观特征及用途
枸骨	*Ilex cornuta*	冬青科	喜光，稍耐阴，喜温暖气候及肥沃的微酸性土壤，抗性强，耐修剪	常绿灌木或小乔木，枝叶稠密，叶形奇特，叶硬革质并有大尖刺齿，果实鲜红色，果期9~12月，是良好的观叶观果树种，宜作基础种植及岩石园材料，也是很好的绿篱材料
冬青	*Ilex chinensis*	冬青科	喜光，少耐阴，喜温暖湿润气候及酸性土壤，不耐寒，耐修剪	常绿乔木，枝叶密生，树形整齐，叶厚革质，果深红色，果期9~10月，在园林中常做绿篱植物栽培
大叶黄杨	*Euonymus japonicus*	卫矛科	喜光，也能耐阴，耐干旱瘠薄，抗性强	常绿灌木或小乔木，枝叶茂密，四季常青，叶色亮绿，常作为绿篱及背景材料，也可修剪成型，用于规则对称布置
东瀛珊瑚	*Aucuba jaaponica*	山茱萸科	喜温暖气候，能耐半阴，对烟害抗性很强	常绿灌木，小枝粗壮，枝叶茂密。耐修剪，生长势强，最适宜林下配植
小蜡	*Ligustrum sinense*	木犀科	喜光，稍耐阴，较耐寒，抗性强，耐修剪	半常绿灌木或小乔木，花白色，芳香，花期4~5月。可丛植于林缘、石旁、池边等，或可修剪成规则的几何形体

附表四：常用花灌木一览表

名称	拉丁名	科别	习性	景观特征及用途
牡丹	*Paeonia suffruticosa*	毛茛科	喜光，耐半阴，耐寒，忌积水，怕热，怕烈日直射	落叶灌木，高达2米，花大，花色丰富，花期4~5月，观赏价值高。常植于花台、花池观赏，也可于岩旁、草地边缘孤植或丛植
紫玉兰	*Magnolia liliflora*	木兰科	喜光，不耐阴，较耐寒，喜肥沃、湿润、排水良好的土壤	落叶大灌木，高3~5米。花大，外紫内白，花期3~4月，叶前开放。宜植于庭院室前或丛植于草地边缘

名称	拉丁名	科别	习性	景观特征及用途
腊梅	*Chimonanthus praecox*	腊梅科	喜阳光，能耐阴，耐寒，耐旱，忌渍水	落叶丛生灌木，高达3米。花期12月至翌年3月，叶前开放，花色、香、形皆具，是冬季观花的主要品种之一，常植于室前、墙隅
溲疏	*Deutzia scabra*	虎耳草科	喜光，稍耐阴，喜温暖气候，也有一定的耐寒力，萌芽力强，耐修剪	落叶灌木，高达3米。花白色，花期5～6月，圆锥花序。宜丛植于草坪、林缘及山坡，也可作为花篱
八仙花	*Hydrangea macrophylla*	虎耳草科	喜阴，喜温暖气候，耐寒性不强，喜酸性土	落叶灌木，高达3～4米。花期6～7月，顶生伞房花序，径可达20厘米，是极好的观赏花木。可配植于林下、路缘、棚架及建筑北面
笑靥花	*Spiraea prunifolia*	蔷薇科	喜阳光和温暖湿润土壤，较耐寒	落叶灌木，高达3米。花期4～5月，花白色，重瓣。可丛植于池畔、山坡、路旁、崖边。普通多作基础种植用，或在草坪角隅应用
麻叶绣线菊	*Spiraea cantoniensis*	蔷薇科	喜阳光和温暖湿润的环境，稍耐寒，耐阴，忌湿涝。分蘖力强	灌木，高达1.5米。6月开白花，花繁密，花序伞形总状。可成片配置于草坪、路边、斜坡、池畔，也可单株或数株点缀花坛
珍珠梅	*Sorbaria kirilowii*	蔷薇科	喜光又耐阴，耐寒，不择土壤。萌蘖性强，耐修剪	灌木，高达2～3米。花期6～8月，花白色。珍珠梅的花、叶清丽，花期很长又值夏季少花季节，是十分受欢迎的观赏植物。可孤植，列植，丛植，效果甚佳
贴梗海棠	*Chaenomeles speciosa*	蔷薇科	喜光，稍耐寒，也耐半阴	落叶灌木，高达2米。花期3～4月，花红色或近白色，果期9～10月，是一种很好的观花、观果灌木。宜植于草坪、庭院或花坛内丛植或孤植

名称	拉丁名	科别	习性	景观特征及用途
垂丝海棠	*Malus halliana*	蔷薇科	喜阳光，不耐阴，也不甚耐寒，不耐水涝	落叶小乔木，高5米。花期4月，花玫瑰红色。果期9~10月，果紫色。垂丝海棠是著名的庭院观赏花木，可在门庭两侧对植，或在亭台周围、丛林边缘、水滨布置。
月季花	*Rose chinensis*	蔷薇科	适应性强，喜光，但不宜强光直照	常绿或半常绿灌木，花大，花期4月下旬至10月。宜作花坛、花境及基础栽植，在草地、园路角偶、假山等处配植也可
棣棠	*Kerria japonica*	蔷薇科	性喜温暖、半阴而略湿之地	落叶丛生灌木，高1.5~2米。花金黄色，花期4月下旬至5月底。棣棠花、叶、枝具美，常丛植于篱边、墙际、水畔、草坪边缘等处
紫叶李	*Prunus cerasifera*	蔷薇科	喜阳光，喜温暖湿润气候，有一定的抗旱能力	落叶小乔木，高达8米。叶紫红色，花淡粉红色，花期4~5月。宜丛植于水畔、坡地、林缘及草坪边缘，须慎选背景色，以衬托其色彩美
桃	*Prunus persica*	蔷薇科	喜光，耐旱，喜肥沃而排水良好的土壤	落叶小乔木，花粉红色，花期3~4月，果期6~9月。宜种于山坡、水畔、石旁、墙际、草坪边缘
榆叶梅	*Prunus triloba*	蔷薇科	性喜光，耐寒，耐旱，不耐水涝	落叶灌木，花粉红色，花期4月。榆叶梅是早春优良的观花灌木，花形、花色均极美观，可孤植、丛植，适宜在各类园林绿地中种植
木槿	*Hibiscus syriacus*	锦葵科	喜光，耐半阴，喜温暖气候，也耐寒，适应性强	落叶灌木或小乔木，花淡紫、红、白等色，花大，花期6~9月，是优良的观花植物，常作为围篱及基础种植，也宜种植于草坪、路缘
木芙蓉	*Hibiscus mulabilis*	锦葵科	喜光，稍耐阴，不耐寒，喜中性或微酸性砂质土壤	落叶灌木或小乔木，花大，淡红色，花期9~10月，是一种很好的观花树种。常种植于池畔水旁，也可栽做花篱

名称	拉丁名	科别	习性	景观特征及用途
山茶	*Camellia japonica*	山茶科	喜半阴，喜温暖湿润气候，喜肥沃的微酸性土壤	常绿灌木或小乔木，花大，红色，花期2~4月。为中国传统名花
茶梅	*Gamellia sasangua*	山茶科	喜光，稍耐阴，喜温暖气候和酸性土壤，有一定抗旱性	常绿灌木或小乔木，花红、白、粉色等，花期11月至翌年1月，常作为基础种植及绿篱材料
金丝桃	*Hypericum chinense*	藤黄科	喜光，略耐阴，耐寒性不强	常绿、半常绿或落叶灌木，花鲜黄色，花期6~7月。宜植于假山、路旁、草坪边等处
金丝梅	*Hypericum patulum*	藤黄科	喜光，有一定的耐寒能力，喜湿润但不可积水	半常绿或常绿灌木，花金黄色，花期4~8月。宜植于林下或灌丛中
瑞香	*Daphne odora*	瑞香科	喜阴，忌日光暴晒，耐寒性差，喜排水良好的酸性土壤	常绿灌木，花被白色或淡红紫色，花期3~4月，花清香，观赏价值高，为著名花木。常于林下、路缘丛植或于假山、岩石配植
结香	*Edgeworthia chrysantha*	瑞香科	喜半阴，喜温暖湿润气候，耐寒性不强	落叶灌木，花黄色，芳香，花期3~4月。常植于水边、石间
紫薇	*Lagerstroemia indica*	千屈菜科	喜光，稍耐阴，喜温暖气候，耐寒性不强，耐旱，怕涝	落叶灌木或小乔木，树姿优美，树干光滑洁净，花淡鲜红色，花期6~9月。宜植于池畔、路边及草坪上
石榴	*Punica granatum*	石榴科	喜光，喜温暖气候，有一定耐寒力	落叶灌木或小乔木，花朱红色，花期5~6月，果实古铜黄色，果期9~10月。宜植于池畔、路边及石间
四照花	*Dendroben-thamia japonica. chinensis*	山茱萸科	喜光，稍耐阴，有一定耐寒力	落叶灌木或小乔木，树形整齐，具白色苞片，花期5~6月，是一种美丽的观花植物。宜丛植于草坪、路边、林缘，池畔
杜鹃	*Rhododendron simsii*	杜鹃花科	较耐热，不耐寒	落叶灌木，花多色，花期4~6月。宜丛植于林缘、路边、草坪上或池畔、石间

名称	拉丁名	科别	习性	景观特征及用途
锦绣杜鹃	*Rhododendron pulchrum*	杜鹃花科	喜光，稍耐阴，有一定耐寒力	常绿灌木，花浅、微紫色，花期5月。宜丛植于林缘、路边、草坪上或池畔、石间
连翘	*Forsythia suspensa*	木犀科	喜光，有一定耐阴性，耐干旱瘠薄，抗病虫害能力强	落叶灌木，干丛生，直立，花冠黄色，花期4~5月。宜植于草坪、角隅、岩石假山下、路缘、转角
金钟花	*Forsythia viridissima*	木犀科	喜光，有一定耐阴性，耐干旱瘠薄	落叶灌木，枝直立，花深黄色，花期2~3月。宜丛植于路边、草坪上或池畔、石间
紫丁香	*Syringa oblata*	木犀科	喜光，稍耐阴，耐寒性较强，耐干旱	落叶灌木或小乔木，枝叶茂密，花美而香，花冠堇紫色，花期4月。常丛植于建筑前，散植于路旁、草坪中
流苏树	*Chionanthus retusus*	木犀科	喜光，耐寒，抗旱	落叶灌木或乔木，花白色，花密优美，花形奇特，花期4~5月。宜与常绿树衬托列植
桂花	*Osmanthus fragrans*	木犀科	喜光，稍耐阴，不耐寒	常绿灌木或小乔木，树干端直，树冠圆整，花小，黄白色，浓香，花期9~10月。宜植于道路两侧、假山旁或草坪边上
迎春	*Jassminum nudiflorum*	木犀科	喜光，稍耐阴，较耐寒，也耐干旱，怕涝	落叶灌木，枝细长拱形，花冠黄色，花期2~4月。常植于路旁、山坡及窗下墙边，或做花篱密植
云南黄馨	*Jassminum mesnyi*	木犀科	喜光，稍耐阴，耐寒性不强	常绿灌木，枝细长，柔软下垂，花冠黄色，花期4月。植于路缘、池岸、坡地及石隙等均佳
鸡蛋花	*Plumeria rubra*	夹竹桃科	喜光，喜湿热气候，耐干旱，喜生于石灰岩山地	落叶小乔木，树形美观，叶大深绿，花色素雅而具芳香，花期5~10月。常植于庭院、池畔、山石边观赏
栀子花	\`*Gardenia jasminoides*	茜草科	喜光，也能耐阴，喜温暖湿润气候，也耐干旱瘠薄	常绿灌木，叶色亮绿，花大洁白，芳香馥郁，花期6~8月。常配植于林缘、院隅、路旁，做花篱也极适宜

名称	拉丁名	科别	习性	景观特征及用途
六月雪	*Serissa foetida*	茜草科	喜阴湿、温暖气候，喜中性或微酸性土壤	常绿或半常绿矮小灌木，树形纤巧，枝叶扶疏，夏日盛花，白色。常用做下木、花篱或花坛境边
锦带花	*Weigela florida*	忍冬科	喜光，耐寒，耐瘠薄，怕水涝	落叶灌木，枝叶繁茂，花色艳丽，玫瑰红色，花期4～6月。适于庭院角隅、湖畔群植，也可在树丛、林园做花篱

附表五：常用藤本植物一览表

名称	拉丁名	科别	习性	景观特征及用途
叶子花	*Bougainvillea spectabilis*	紫茉莉科	阳性，喜温暖气候，不耐寒	常绿攀援灌木，花期长，生长健壮，扦插易成活。常植于庭院、宅旁，设立架或让其攀援山石、园墙、廊柱上
铁线莲	*Clematis florida*	毛茛科	阳性，喜肥沃、排水良好的石灰质土壤	落叶或半常绿的藤本，花白色，花大而美，花期夏季，常用于点缀园墙、棚架、围篱及凉亭等，也可与假山、岩石相配
南五味子	*Kadsura longipedunculata*	木兰科	喜温暖湿润气候，不耐寒，喜微酸性腐殖土	常绿藤本，枝叶繁茂，秋有红果，可作垂直绿化或地被材料，或与岩石配置，有很好的观果效果
紫藤	*Wisteria sinensis*	豆科	喜光，略耐阴，较耐寒，不耐移植	落叶藤本，枝叶繁茂，庇荫效果强，花蓝紫色，花期4月，是优良的棚架、门廊、枯树及山面绿化材料
扶芳藤	*Euonymus fortunei*	卫矛科	耐阴，喜温暖，耐寒性不强，能耐干旱瘠薄	常绿藤本，叶色油绿发亮，攀援能力强，常用于掩覆墙面、山石或攀援于老树

名称	拉丁名	科别	习性	景观特征及用途
南蛇藤	*Celastrus orbiculatus*	卫矛科	喜光，耐半阴，耐寒冷，适应性强	落叶藤本，秋叶红色，果实鲜黄色，具有较高的观赏价值，可以作为藤架和地被植物的材料
葡萄	*Vitis vinifera*	葡萄科	喜光，喜干燥及夏季高温的大陆气候	落叶藤本，茎皮红褐色，浆果熟时黄绿色或紫红色，果期8～9月，是很好的园林藤架植物
爬山虎（地锦）	*Parthenocissus tricuspidata*	葡萄科	喜阴，耐寒，对土壤及气候适应性强，对氯气有抗性	落叶藤本，常攀缘在墙壁、岩石和树干上，是垂直绿化的良好材料
美国地锦	*Parthenocissus quinquefolia*	葡萄科	喜温暖气候，稍耐寒，耐阴	落叶藤本，掌状复叶，具5枚小叶。常作为垂直绿化建筑、山石及老树干等材料，也可作为地面覆盖材料
猕猴桃	*Actinidia chinensis*	猕猴桃科	喜光，略耐阴，喜温暖气候，有一定耐寒性	落叶缠绕藤本，花大，乳白色，花期6月，是良好的棚架材料，适宜在自然式公园中配植
常春藤	*Hedera nepalensis*	五加科	性极耐阴，有一定耐寒性，喜中性或酸性土壤	常绿藤本，叶全缘或3裂。可用于攀缘假山、岩石，或在建筑立面作垂直绿化材料
络石	*Trachelospermum jasminoides*	夹竹桃科	喜光，耐阴，耐寒性不强，抗干旱	常绿藤本，叶色浓绿，花白繁茂。常植于枯树、假山、墙垣之旁，也可做林下常青地被
凌霄	*Campsis grandiflora*	紫葳科	喜光而稍耐阴，耐寒性较差，喜微酸性土壤	落叶藤本，干枝虬曲多姿，花大色艳，鲜红色或橘红色，花期6～8月。常用于攀援墙垣、枯树、石壁
金银花	*Lonicera japonica*	忍冬科	喜光也耐阴，耐寒，耐旱及水湿	半常绿缠绕藤木，花黄白色，芳香，花期5～7月。常用于缠绕篱垣、花架、花廊等作垂直绿化，或覆于山石上，用作地被

附表六：常用水生植物一览表

名称	拉丁名	科别	习性	景观特征及用途
荷花	*Nelumbo nucifera*	睡莲科	喜光和温暖环境，有一定耐寒性	多年生挺水植物，叶大，盾状圆形，花大，多色，花期6～9月。可广植于湖泊，又可盆栽瓶插
睡莲	*Nymphaea tetragona*	睡莲科	喜光，喜通风良好的环境	多年生水生植物，叶圆形或卵形浮于水面，花多色，花期6～9月，是水面绿化的主要材料
千屈菜	*Lythrum salicaria*	千屈菜科	喜强光和通风良好的环境，通常在浅水中生长良好，也可露地旱栽。耐寒性强	多年生挺水植物，株高1米以上。花紫红色，花期7～9月。宜水边丛植或水池栽植，也可作为花镜的背景材料
水葱	*Scirpus validus*	莎草科	喜生长在湿润潮湿的湿地或池畔浅水中，需阳光	多年生草本，挺水植物。地上茎直立，圆柱形，粉绿色，聚伞花序，顶生，花期6～8月
雨久花	*Monochoria korsakowii*	雨久花科	喜温暖气候、阳光充足的环境，有一定耐寒性，喜生浅水、净水中	多年生漂浮植物，须根发达，叶色美丽，是美化水源、净化水源的良好材料。常植于小池一隅，以竹框之，野趣幽然
香蒲	*Typha orientalis*	香蒲科	喜光，耐寒，适应性强	多年生挺水植物，叶丛细长如剑，色泽光洁淡雅，为常见的观叶植物。宜栽植在浅水湖塘或池沼内
慈菇	*Sagittaria trifolia*	泽泻科	喜温暖气候、阳光充足的环境，喜生浅水中，不宜连作	多年生挺水植物，叶戟形，宜作为水面、岸边绿化材料，也可盆栽观赏
菖蒲	*Acorus calamus*	天南星科	喜光，喜温暖气候，喜生于沼泽溪谷或浅水中，耐寒性不强	多年生挺水植物，叶丛挺立秀美，具香气，宜做岸边或水面绿化材料，也可盆栽观赏

参考文献

1. （美）南希·莱斯辛斯基. 植物景观设计[M]. 卓丽环译. 北京：中国林业出版社，2004.

2. （德）雷吉娜·埃伦·韦尔勒，汉斯–约尔格·韦尔勒. 植物设计[M]. 齐勇新译. 北京：中国建筑工业出版社，2012.

3. （美）理查德·L.奥斯丁. 植物景观设计元素[M]. 罗爱军译. 北京：中国建筑工业出版社，2005.

4. （英）苏珊·池沃斯. 植物景观色彩设计[M]. 董丽主译. 北京：中国林业出版社，2007.

5. （日）增田史男等. 户外环境绿化设计[M]. 金华译. 北京：中国建筑工业出版社，2013.

6. 苏雪痕. 植物造景[M]. 北京：中国林业出版社，2009.

7. 王向荣，林箐. 西方现代景观设计的理论与实践[M]. 北京：中国建筑工业出版社，2003.

8. 刘彦红等. 植物景境设计[M]. 上海：上海科学技术出版社，2010.

9. 陈英瑾等. 西方现代景观植栽设计[M]. 北京：中国建筑工业出版社，2006.

10. 徐德嘉. 园林植物景观配置[M]. 北京：中国建筑工业出版社，2007.

11. 张天麟. 园林树木1200种[M]. 北京：中国建筑工业出版社，2005.

12. 王晓俊. 风景园林设计[M]. 南京：江苏科学技术出版社，2000.

13. 朱均珍. 中国园林植物景观艺术[M]. 北京：中国建筑工业出版社，2003.

14. 尹吉光. 图解园林植物造景[M]. 北京：机械工业出版社，2007.

15. （明）计成. 园冶注释[M]. 北京：中国建筑工业出版社，1988.

16. 杭州市园林管理局. 杭州园林植物配置的研究. 国家城市建设总局科研成果，1981.

17. 余树勋. 园林美誉园林艺术[M]. 北京：科学出版社，1987.

18. 孙筱祥. 园林艺术与园林设计. 北京：北京林业大学讲义，1986.

19. 周武忠. 园林美学[M]. 北京：中国林业出版社，1996.

20. 赵世伟，张佐双. 中国园林植物彩色应用图谱[M]. 北京：北京城市出版社，2004.

21. 方四文. 江南古典园林的生态意向[J]. 南京：南京林业大学学报（人文社会科学版），2003，3（3）.

22. 王乾宏. 浅论中国古典园林生态观[J]. 杨凌：西北林学院学报. 2007，22（3）.